Lecture Notes in Mathematics

Edited by A. Dold and B. Eckmann
Series: Institut de Mathématique, Faculté des Sciences d'Orsay
Advisor: J. P. Kahane

402

Michel Waldschmidt
Université de Paris-Sud, Orsay/France

Nombres Transcendants

Springer-Verlag
Berlin · Heidelberg · New York 1974

Library of Congress Cataloging in Publication Data

Waldschmidt, Michel, 1946-
Nombres transcendants.

(Lecture notes in mathematics, 402)
"Cours donné à l'Université de Paris-Orsay 1973."
Bibliography: p.
1. Numbers, Transcendental. I. Title. II. Series:
Lecture notes in mathematics (Berlin) 402.
QA3.L28 no. 402 [QA247.5] 510'.8s [512'.73]
74-13826

AMS Subject Classifications (1970): Primary: 10F35
Secondary: 33A10, 30A68, 12F20, 10F05

ISBN 3-540-06874-0 Springer-Verlag Berlin · Heidelberg · New York
ISBN 0-387-06874-0 Springer-Verlag New York · Heidelberg · Berlin

Printed in Germany.

Offsetdruck: Julius Beltz, Hemsbach/Bergstr.

Introduction

Ce premier cours sur les nombres transcendants a été enseigné à Orsay, en 1973. Comme il s'agissait d'un cours semestriel, il n'était pas question de traiter tous les aspects de cette théorie ; le choix s'est porté sur l'étude des valeurs de la fonction exponentielle. A l'exception de la méthode de Lindemann Weierstrass et des résultats effectifs (mesures de transcendance, minoration effective de formes linéaires de logarithmes de nombres algébriques, indépendance d'exponentielles et d'un U-nombre,...), il semble que tous les résultats actuellement connus sur la transcendance ou l'indépendance algébrique des valeurs de fonctions exponentielles soient présentés ici, dans le cours ou en exercices.

La théorie des nombres transcendants possède l'avantage de fournir des énoncés (et des conjectures) très aisément compréhensibles par des personnes non initiées ; de plus, et c'est peut-être moins connu, les démonstrations nécessitent également très peu de connaissances préalables. Le chapitre 1 contient les notations et les principaux résultats (classiques) qui sont utilisés dans toute la suite.

Les énoncés de la première partie (chapitres 2, 3 et 4) concernent les valeurs de fonctions méromorphes en une suite de points ; les applications les plus intéressantes utilisent les variétés de groupe, mais, par souci de simplicité, nous nous contenterons du théorème de Gel'fond Schneider sur la transcendance de a^b, d'un théorème de Lang sur la transcendance des nombres $e^{x_i y_j}$, et du théorème de Hermite Lindemann sur e^α. Nous appelons "méthode de Schneider" (chapitre 2) celle qui consiste à construire une fonction s'annulant en de nombreux points distincts, et "méthode de Gel'fond" (chapitre 3) celle qui impose, en plus, un ordre de multiplicité élevé à ces zéros. Par exemple, pour la transcendance de a^b , la méthode de Schneider utilise les remarques suivantes :

si a , b et a^b sont des nombres algébriques, avec $a \neq 0$, $a \neq 1$ et $b \notin \mathbb{Q}$, alors les deux fonctions

$$z \, , \, a^z$$

sont algébriquement indépendantes sur $\mathbb{C}$, et prennent des valeurs algébriques pour

$$z = i + jb \; , \; (i,j) \in \mathbb{Z}\times\mathbb{Z} \; ;$$

tandis que la méthode de Gel'fond est fondée sur les propriétés suivantes :

si a , b et a^b sont trois nombres algébriques, avec $a \neq 0$, $a \neq 1$ et $b \notin \mathbb{Q}$, alors les deux fonctions

$$e^z \, , \, e^{bz}$$

sont algébriquement indépendantes sur $\mathbb{C}$, prennent des valeurs algébriques en

$$z = j.\mathrm{Log}\, a \; , \; j \in \mathbb{Z} \; ,$$

et vérifient des équations différentielles à coefficients algébriques.

A partir de ces remarques, la structure des deux méthodes est la même : on construit (en utilisant le principe des tiroirs de Dirichlet) une fonction auxiliaire ayant de nombreux zéros ; on considère ensuite un point où cette fonction ne s'annule pas ; on majore la valeur de la fonction en ce point (en utilisant des propriétés analytiques), puis on minore cette valeur (grâce à des considérations arithmétiques) ce qui permet d'obtenir le résultat voulu.

On peut généraliser ces résultats en remplaçant le corps $\overline{\mathbb{Q}}$ des nombres algébriques par une extension de $\mathbb{Q}$ de "type de transcendance" fini (chapitre 4). Mais, pour la fonction exponentielle, on peut faire mieux (chapitre 7), au prix de quelques complications techniques : on utilise un critère de transcendance de Gel'fond (chapitre 5) ainsi qu'un résultat de Tijdeman sur la répartition des zéros de polynômes exponentiels (chapitre 6).

Cette étude prend fin par un exposé de la méthode de Baker (chapitre 8). Comme compléments à ce cours, nous étudierons (en appendice) quelques théorèmes locaux, concernant non plus des fonctions entières, mais des fonctions analytiques dans un disque.

Les différents chapitres sont, dans une large mesure, indépendants les uns des autres ; en particulier chacun des chapitres 2, 3, 4, 6 et appendice peut être lu séparément.

Les exercices proposés sont de difficulté et d'intérêt inégaux ; certains sont des applications directes de théorèmes étudiés auparavant, d'autres au contraire apportent des développements et des compléments à certains résultats du cours. L'ordre logique n'a pas toujours été respecté pour les exercices, mais le lecteur scrupuleux pourra vérifier qu'il n'y a pas de cercle vicieux.

Ces pages ont été dactylographiées, avec beaucoup de soin et de compétence, par Madame BONNARDEL ; je l'en remercie vivement. Je suis également reconnaissant à Maurice MIGNOTTE, Pieter Leendert CIJSOUW, et Peter BUNDSCHUH, qui ont relu le manuscrit et y ont apporté quelques corrections.

Orsay, juillet 1973.

Sommaire

Chapitre 1
PRELIMINAIRES

Chapitre 2
LA METHODE DE SCHNEIDER

Chapitre 3
LA METHODE DE GEL'FOND

Chapitre 4

TYPE DE TRANSCENDANCE

Chapitre 5

UN CRITERE DE TRANSCENDANCE

Chapitre 6

ZEROS DE POLYNOMES EXPONENTIELS

Chapitre 7

PROPRIETES D'INDEPENDANCE ALGEBRIQUE DE LA FONCTION EXPONENTIELLE

Chapitre 8

LA METHODE DE BAKER

Appendice A

THEOREMES LOCAUX

CHAPITRE 1

Préliminaires

Nous noterons $\mathbb{N}$ l'ensemble des entiers naturels, $\mathbb{Z}$ l'anneau des entiers rationnels, $\mathbb{Q}$ le corps des nombres rationnels, $\mathbb{R}$ le corps des nombres réels, et $\mathbb{C}$ le corps des nombres complexes.

§1.1 Généralités sur les extensions de corps

Soient K et L deux corps ; si $K \subset L$, on dit que L est une extension de K ; L est alors un K-espace vectoriel, et on dit que L est une extension finie de K si L est un K-espace vectoriel de dimension finie ; cette dimension se note alors

$$[L : K] .$$

Un élément $\alpha \in L$ est dit algébrique sur K s'il existe un polynôme non nul $P \in K[X]$ tel que $P(\alpha) = 0$, c'est-à-dire si l'homomorphisme canonique

$$\beta : K[X] \to L ,$$

qui laisse invariants les éléments de K et envoie X sur α, a un noyau non nul. Ce noyau est alors engendré par un polynôme irréductible $p \in K[X]$, et l'image de β, c'est-à-dire le sous-anneau $K[\alpha]$ de L engendré sur K par α, est isomorphe au corps $K[X]/p(X)$. Si on impose à ce polynôme p d'être unitaire, alors p est unique ; on dit que p est le polynôme irréductible de α sur K.

Inversement, si l'homomorphisme β associé à un élément α de L est injectif, alors on dit que α est transcendant sur K.

Une extension L de K est dite algébrique (sur K) si tout élément de L est algébrique sur K. Par exemple une extension finie est algébrique.

Si E est une partie d'une extension L d'un corps K, on note $K(E)$ le sous-corps de L engendré par E sur K (appelé aussi sous-corps de L obtenu en adjoignant à K les éléments de E), c'est-à-dire l'intersection des sous-corps de L contenant K et E. De même on note $K[E]$ le sous-anneau de L engendré par E sur K. Une extension L d'un corps K est dite de type fini s'il existe une partie finie $E = \{x_1,\dots,x_n\}$ de L telle que

$$L = K(E) = K(x_1,\dots,x_n) .$$

En particulier une extension finie est de type fini, et toute extension algébrique de type fini est finie. D'ailleurs, tous les corps que nous considérerons seront de caractéristique nulle ; alors toute extension finie L d'un corps K est simple, c'est-à-dire qu'il existe $\alpha \in L$ (algébrique sur K) tel que $L = K(\alpha)$ (théorème de l'élément primitif).

Si α est algébrique sur K, on a

$$K(\alpha) = K[\alpha] ,$$

et le degré du polynôme minimal de α sur K est égal à $[K(\alpha) : K]$; on appelle ce nombre degré de α sur K.

Un corps Ω est dit algébriquement clos si tout polynôme non constant (c'est-à-dire de degré supérieur ou égal à 1) de $\Omega[X]$ a au moins une racine dans Ω. Le corps $\mathbb{C}$ des nombres complexes en fournit un exemple. Si K est un corps, il existe des extensions algébriques de K qui sont algébriquement closes ; si Ω est un corps algébriquement clos contenant K, l'ensemble des éléments de Ω algébriques sur K est appelé <u>clôture algébrique de</u> K <u>dans</u> Ω, et <u>noté</u> $\bar{K}$. Ainsi, <u>nous noterons</u> $\bar{\mathbb{Q}}$ la clôture algébrique de $\mathbb{Q}$ dans $\mathbb{C}$; c'est le sous-corps de $\mathbb{C}$ formé des nombres complexes algébriques sur $\mathbb{Q}$.

§1.2 <u>Corps de nombres</u>

Un nombre complexe est dit <u>algébrique</u> (resp. <u>transcendant</u>) s'il est algébrique sur $\mathbb{Q}$ (resp. transcendant sur $\mathbb{Q}$).

Soit $\alpha \in \bar{\mathbb{Q}}$ un nombre algébrique, et soit p le polynôme irréductible de α sur $\mathbb{Q}$. On peut écrire p sous la forme

$$p(X) = X^n + \frac{a_{n-1}}{b_{n-1}} X^{n-1} + \ldots + \frac{a_o}{b_o} ,$$

où, pour tout $i = 0,\ldots,n-1$, a_i et b_i sont deux nombres entiers rationnels premiers entre eux, avec $b_i > 0$. Soit c_n le plus petit commun multiple de $b_o,\ldots,b_{n-1}$; notons

$$c_j = \frac{c_n}{b_j} a_j , \quad \text{pour} \quad 0 \leqslant j \leqslant n-1 .$$

Le polynôme

$$c_n\, p(X) = c_n X^n + c_{n-1} X^n + c_{n-1} X^{n-1} + \ldots + c_o \in \mathbb{Z}[X]$$

est appelé <u>le polynôme minimal de</u> α <u>sur</u> $\mathbb{Z}$.

Pour un nombre algébrique α, les trois propriétés suivantes sont équivalentes.

(i) Le polynôme minimal de α sur $\mathbb{Z}$ est unitaire, ce qui revient à dire que le polynôme irréductible de α sur $\mathbb{Q}$ est à coefficients entiers rationnels.

(ii) Il existe un polynôme unitaire (non nul) $Q \in \mathbb{Z}[X]$ tel que $Q(\alpha) = 0$.

(iii) Il existe un sous-$\mathbb{Z}$-module $M \neq 0$ de $\overline{\mathbb{Q}}$, de type fini, tel que $\alpha M \subset M$.

On dit alors que α est <u>entier algébrique</u> (sur $\mathbb{Z}$). La condition (iii) montre que l'ensemble des entiers algébriques forme un sous-anneau de $\overline{\mathbb{Q}}$. L'intersection de cet anneau avec une extension finie K de $\mathbb{Q}$ (c'est-à-dire <u>un corps de nombres</u>) est l'anneau des entiers de K .

Soit $\alpha \in \overline{\mathbb{Q}}$; l'ensemble

$$D_\alpha = \{\lambda \in \mathbb{Z} \ ; \ \lambda\alpha \text{ est entier algébrique}\}$$

est un idéal non nul de $\mathbb{Z}$; un élément positif de cet ensemble est appelé <u>un dénominateur de</u> α , et le générateur positif de cet idéal est appelé <u>le dénominateur de</u> α; on le <u>note</u>

$$d(\alpha) .$$

Pour voir que l'idéal D_α est non nul, on écrit le polynôme minimal de α sous la forme

$$c_n X^n + \dots + c_o ,$$

et on constate que c_n est un dénominateur de α , puisque $c_n\alpha$ vérifie la condition (ii) précédente, avec

$$Q(X) = X^n + c_{n-1} X^{n-1} + c_{n-2} c_n X^{n-2} + \dots + c_o c_n^{n-1} = \sum_{j=o}^{n} c_j c_n^{n-j-1} X^j .$$

On peut remarquer que c_n n'est pas obligatoirement <u>le</u> dénominateur de α (considérer le polynôme

$$4X^2 + 2X + 1$$

par exemple).

Soit K un sous-corps de $\mathbb{C}$, et soit α un nombre complexe algébrique sur K ; notons

$$P(X) = X^n + a_{n-1} X^{n-1} + \dots + a_0$$

le polynôme irréductible de α sur K, et

$$\alpha_1, \dots, \alpha_n$$

les n racines complexes de P (avec $\alpha_1 = \alpha$). Ces racines sont deux à deux distinctes (car, pour tout $j = 1, \dots, n$, P est le polynôme irréductible de α_j sur K, donc α_j n'est pas racine de la dérivée P' de P), et on a

$$P(X) = \prod_{j=1}^{n} (X - \alpha_j).$$

On dit que $\alpha_1, \dots, \alpha_n$ sont <u>les conjugués de</u> α <u>sur</u> K. Il existe alors n K-isomorphismes $\sigma_1, \dots, \sigma_n$ de $L = K(\alpha)$ dans $\mathbb{C}$, déterminés par

$$\sigma_j(\alpha) = \alpha_j, \quad (1 \leqslant j \leqslant n).$$

On définit une application <u>norme</u> de L sur K par

$$N_{L/K}(\beta) = \prod_{i=1}^{n} \sigma_i(\beta), \text{ pour } \beta \in L. \text{ Ainsi } N_{L/K}(\alpha) = (-1)^n a_0 \in K$$

(où $a_0 = P(0)$). Remarquons que la norme d'un nombre algébrique non nul est non nulle, et que la norme sur $\mathbb{Q}$ d'un entier algébrique est un entier rationnel.

Quand $K = \mathbb{Q}$ et $\alpha \in \overline{\mathbb{Q}}$, on note

(1.2.1) $$|\overline{\alpha}| = \max_{1 \leqslant j \leqslant n} |\alpha_j| ;$$

on définit <u>la taille</u> ("size") $s(\alpha)$ <u>de</u> α par

(1.2.2) $$s(\alpha) = \max(\mathrm{Log}|\overline{\alpha}|\ , \mathrm{Log}\ d(\alpha)).$$

Rappelons que $d(\alpha)$ désigne le dénominateur de α , c'est-à-dire le plus petit des entiers rationnels $d > 0$ tels que $d.\alpha$ soit entier algébrique.

La propriété fondamentale de la taille est la suivante

(1.2.3) <u>Si</u> α <u>est un nombre algébrique de degré inférieur ou égal à</u> n , <u>on a</u>

$$-2\ n\ s(\alpha) \leqslant \mathrm{Log}|\alpha|\ .$$

Pour cela, on remarque que la norme

$$N_{\mathbb{Q}(\alpha)/\mathbb{Q}}\,(d(\alpha).\alpha) = \prod_{j=1}^{n} d(\alpha).\alpha_j$$

sur $\mathbb{Q}$ de $d(\alpha).\alpha$ est un entier rationnel non nul, donc que

$$\prod_{j=1}^{n} d(\alpha).|\alpha_j| \geqslant 1\ .$$

On en déduit

(1.2.4) $$-n\ \mathrm{Log}\ d(\alpha) - (n-1)\ \mathrm{Log}|\overline{\alpha}| \leqslant \mathrm{Log}|\alpha|\ ,$$

d'où la relation (1.2.3).

Dans le calcul de la taille de certains nombres algébriques, nous aurons à utiliser les propriétés (évidentes) suivantes :

$$\begin{array}{lll} d(\alpha.\beta) \leqslant d(\alpha).d(\beta) & ; & |\overline{\alpha.\beta}| \leqslant |\overline{\alpha}|.|\overline{\beta}| \quad ; \\ d(\alpha+\beta) \leqslant d(\alpha).d(\beta) & ; & |\overline{\alpha+\beta}| \leqslant |\overline{\alpha}| + |\overline{\beta}| \quad ; \\ d(a.\alpha) \leqslant a.d(\alpha) & ; & |\overline{a.\alpha}| = a.|\overline{\alpha}| \quad ; \\ d(\alpha^m) \leqslant (d(\alpha))^m & ; & |\overline{\alpha^m}| = |\overline{\alpha}|^m \quad , \end{array}$$

pour $\alpha , \beta \in \overline{\mathbb{Q}}$, et $a , m \in \mathbb{N}$.

On en déduit, pour $\alpha_1,\ldots,\alpha_m \in \overline{\mathbb{Q}}$,

$$s(\alpha_1 \dots \alpha_m) \leqslant s(\alpha_1) + \dots + s(\alpha_m) ;$$

$$s(\alpha_1 + \dots + \alpha_m) \leqslant s(\alpha_1) + \dots + s(\alpha_m) + \mathrm{Log}\, m .$$

Si, de plus, $\alpha_1, \dots, \alpha_m$ sont entiers algébriques, on a

$$s(\alpha_1 + \dots + \alpha_m) \leqslant \max_{1 \leqslant h \leqslant m} s(\alpha_h) + \mathrm{Log}\, m .$$

<u>Remarque</u>. La taille de 0 n'a pas été définie. On laisse au lecteur le soin d'examiner ce que deviennent les différentes relations concernant la fonction s lorsque certains des nombres algébriques incriminés s'annulent. Un abus de notation commode est le suivant : au lieu d'écrire

$$\alpha \neq 0 \quad \text{ou} \quad s(\alpha) \leqslant A ,$$

on écrit simplement

$$s(\alpha) \leqslant A .$$

Les nombres algébriques dont nous aurons à calculer la taille seront donnés comme valeurs de polynômes à coefficients entiers rationnels en des points algébriques. Pour cette raison nous introduisons les notions de hauteur et de taille pour des polynômes.

Soit $P \in \mathbb{C}[X_1, \dots, X_q]$ un polynôme non nul en q variables à coefficients complexes. On <u>note</u>

$$\deg_{X_i} P$$

le degré de P par rapport à X_i , et

$$H(P)$$

la <u>hauteur</u> de P , c'est-à-dire le maximum des valeurs absolues des coefficients de P.

Maintenant, si $P \in \overline{\mathbb{Q}}[X_1,\ldots,X_q]$ a ses coefficients <u>entiers</u> algébriques, on <u>note</u>

$$|\overline{P}|$$

le maximum des valeurs absolues des conjugués des coefficients de P , et on définit la taille de P par

$$t(P) = \max\{\mathrm{Log}\ |\overline{P}|\ ,\ \max_{1 \leqslant i \leqslant q} 1 + \deg_{X_i} P\}\ .$$

Remarquons que, pour $P \in \mathbb{Z}[X_1,\ldots,X_q]$, on a

$$H(P) = |\overline{P}|\ .$$

On déduit alors facilement des propriétés de la fonction s le résultat suivant.

(1.2.5) <u>Soient</u> $\alpha_1,\ldots,\alpha_q$ <u>des nombres algébriques, et soit</u> $P \in \mathbb{Z}[X_1,\ldots,X_q]$ <u>un polynôme, de degré inférieur ou égal à</u> r_i <u>par rapport à</u> X_i $(1 \leqslant i \leqslant q)$.
<u>Alors</u> $P(\alpha_1,\ldots,\alpha_q) = \beta$ <u>est un nombre algébrique,</u>

$$d(\alpha_1)^{r_1}\ldots d(\alpha_q)^{r_q}$$

<u>est un dénominateur de</u> β , <u>et on a</u>

$$s(\beta) \leqslant \mathrm{Log}\ H(P) + \sum_{i=1}^{q} (r_i\ s(\alpha_i) + \mathrm{Log}(r_i+1)).$$

Pour raffiner un peu quelques inégalités, nous utiliserons également la <u>norme euclidienne</u> sur $\mathbb{C}[X_1,\ldots,X_q]$:

pour

$$P(X_1,\ldots,X_q) = \sum_{\lambda_1=0}^{r_1} \ldots \sum_{\lambda_q=0}^{r_q} p(\lambda_1,\ldots,\lambda_q) X_1^{\lambda_1}\ldots X_q^{\lambda_q}\ ,$$

on définit

$$\|P\| = \left(\sum_{\lambda_1=0}^{r_1} \cdots \sum_{\lambda_q=0}^{r_q} |p(\lambda_1,\ldots,\lambda_q)|^2 \right)^{\frac{1}{2}}$$

On a donc (Parseval) :

(1.2.6) $$\|P\| = \left(\int_{H_q} |P(e^{2i\pi y_1},\ldots,e^{2i\pi y_q})|^2 dy_1 \ldots dy_q \right)^{\frac{1}{2}} ,$$

où H_q est l'hypercube

$$\{(y_1,\ldots,y_q) \in \mathbb{R}^q \, , \, 0 \leqslant y_j \leqslant 1 \, , \, (1 \leqslant j \leqslant q)\} .$$

On a de manière évidente

(1.2.7) $$H(P) \leqslant \|P\| \leqslant H(P) . \prod_{k=1}^{q} (1 + \deg_{X_k} P)^{\frac{1}{2}} ,$$

et

(1.2.8) $$\|P\| \leqslant \max_{|x_1|=1,\ldots,|x_q|=1} |P(x_1,\ldots,x_q)| .$$

§1.3 Un lemme de Siegel pour les corps de nombres

Les démonstrations de transcendance que nous allons étudier débutent toutes par la construction d'une fonction auxiliaire. Cette construction repose sur la possibilité de résoudre un système d'équations linéaires homogènes. Pour des raisons évidentes de dimension d'espaces vectoriels, il est immédiat qu'un système d'équations linéaires homogène à coefficients dans un corps K possède au moins une solution non triviale dans K, dès que le nombre m d'équations est inférieur (strictement) au nombre n d'inconnues. Mais, de plus, on cherche une solution qui ne soit pas trop grande. Ceci est permis par un lemme de Siegel, dont la démonstration repose sur le <u>principe des tiroirs</u> de Dirichlet : si $\varphi : E \to F$ est une application d'un ensemble E à n éléments dans un ensemble $F = \bigcup_{1 \leqslant j \leqslant m} F_j$, et si $m < n$, alors l'un au moins des ensembles $F_1,\ldots,F_m$ contient les images par φ de deux éléments distincts de E. Il revient au même de dire, plus simplement, qu'une application d'un ensemble à n éléments dans un ensemble à m éléments n'est pas injective si $m < n$.

Lemme 1.3.1. *Soit* K *un corps de nombres, de degré* δ *sur* $\mathbb{Q}$. *Soient* $a_{i,j}$ $(1 \leqslant i \leqslant n\ ,\ 1 \leqslant j \leqslant m)$ *des éléments de* K *entiers sur* $\mathbb{Z}$. *Soient* $\sigma_1,\ldots,\sigma_\delta$ *les différents isomorphismes de* K *dans* $\mathbb{C}$, *et soit* A *un entier rationnel vérifiant*

$$A \geqslant \max_{\substack{1\leqslant j\leqslant m\\ 1\leqslant h\leqslant \delta}} \sum_{i=1}^{n} |\sigma_h(a_{i,j})| .$$

Si on a $n > \delta m$, *alors le système*

$$\sum_{i=1}^{n} a_{i,j}\, x_i = 0 \quad , \quad (1 \leqslant j \leqslant m) ,$$

admet une solution non triviale $(x_1,\ldots,x_n) \in \mathbb{Z}^n$, *vérifiant*

$$\max_{1\leqslant i\leqslant n} |x_i| \leqslant (\sqrt{2}.A)^{\frac{m\delta}{n-m\delta}} .$$

Remarque. Pour résoudre un système

$$\sum_{i=1}^{n} a_{i,j}\, x_i = 0 \ , \ (1 \leqslant j \leqslant m) ,$$

à coefficients dans K, on se ramène au cas où les $a_{i,j}$ sont entiers sur $\mathbb{Z}$ en multipliant la j-ième équation par un dénominateur commun d_j de

$$a_{1,j},\ldots,a_{n,j} .$$

Il suffit alors que l'on remplace A par

$$A \max_{1\leqslant j\leqslant m} d_j .$$

Avant de démontrer le lemme 1.3.1, nous commençons par résoudre un système d'inéquations linéaires.

<u>Lemme</u> 1.3.2. <u>Soient</u> $u_{i,j}$ $(1 \leqslant i \leqslant \nu,\ 1 \leqslant j \leqslant \mu)$ <u>des nombres réels ; soit</u> U <u>un nombre entier vérifiant</u>

$$U \geqslant \max_{1 \leqslant j \leqslant \mu} \sum_{i=1}^{\nu} |u_{i,j}| ,$$

<u>et soient</u> X <u>et</u> ℓ <u>deux nombres entiers positifs tels que</u>

$$\ell^{\mu} < (X+1)^{\nu} .$$

<u>Alors il existe des éléments</u> $\xi_1,\ldots,\xi_\nu$ <u>de</u> $\mathbb{Z}$, <u>non tous nuls, tels que</u>

$$\max_{1 \leqslant i \leqslant \nu} |\xi_i| \leqslant X$$

<u>et</u>

$$\max_{1 \leqslant j \leqslant \mu} \left|\sum_{i=1}^{\nu} u_{i,j}\,\xi_i\right| \leqslant \frac{UX}{\ell} .$$

<u>Démonstration du lemme</u> 1.3.2

Considérons l'application φ de l'ensemble $\mathbb{N}(\nu,X) = \{(\xi_1,\ldots,\xi_\nu) \in \mathbb{Z}^{\nu} ;\ 0 \leqslant \xi_i \leqslant X\ (1 \leqslant i \leqslant \nu)\}$ dans $\mathbb{R}^{\mu}$, qui, à $(\xi_1,\ldots,\xi_\nu)$, fait correspondre $(\eta_1,\ldots,\eta_\mu)$, avec

$$\eta_j = \sum_{i=1}^{\nu} u_{i,j}\,\xi_i \qquad (1 \leqslant j \leqslant \mu).$$

Pour $1 \leqslant j \leqslant \mu$, on note $-V_j$ (resp. W_j) la somme des éléments négatifs (resp. positifs) de l'ensemble

$$u_{1,j},\ldots,u_{\nu,j} .$$

On aura donc

$$V_j + W_j \leqslant U \qquad \text{pour tout } j = 1,\ldots,\mu .$$

On remarque que, si $(\xi_1,\ldots,\xi_\nu) \in \mathbb{N}(\nu,X)$, alors l'image $(\eta_1,\ldots,\eta_\mu) = \varphi(\xi_1,\ldots,\xi_\nu)$ appartient à l'ensemble

$$E = \{(\eta_1,\ldots,\eta_\mu) \in \mathbb{R}^\mu \; ; \; -V_jX \leqslant \eta_j \leqslant W_jX\} \; .$$

On partage chacun des intervalles $[-V_jX, W_jX]$ en ℓ intervalles (de longueur $\leqslant \frac{UX}{\ell}$), ce qui fait que E est partagé en ℓ^μ sous ensembles E_k $(1 \leqslant k \leqslant \ell^\mu)$. La condition

$$\ell^\mu < (1+X)^\nu = \text{Card}\, \mathbb{N}(\nu,X)$$

permet d'appliquer le principe des tiroirs : il existe deux éléments distincts ξ^* et ξ^{**} de $\mathbb{N}(\nu,X)$, dont les images par φ appartiennent au même sous-ensemble E_k de E. Notons ξ la différence $\xi^* - \xi^{**}$, et η l'image $\varphi(\xi)$. On aura

$$\xi = (\xi_1,\ldots,\xi_\nu) \neq 0 \; , \quad \text{avec} \quad \max_{1 \leqslant i \leqslant \nu} |\xi_i| \leqslant X \; ,$$

et

$$\eta = (\eta_1,\ldots,\eta_\mu) \qquad , \quad \text{avec} \quad \max_{1 \leqslant j \leqslant \mu} |\eta_j| \leqslant \frac{UX}{\ell} \; ,$$

d'où le lemme 1.3.2 .

Nous sommes maintenant en mesure de démontrer le lemme 1.3.1.

Numérotons les différents plongements $\sigma_1,\ldots,\sigma_\delta$ de K dans $\mathbb{C}$, de telle manière que l'on ait

$$\sigma_h(K) \subset \mathbb{R} \quad \text{pour} \quad 1 \leqslant h \leqslant r \; ,$$

et

$$\sigma_{r+s+k} = \bar{\sigma}_{r+k} \quad (\text{conjugué complexe de } \sigma_{r+k}) \quad \text{pour} \quad 1 \leqslant k \leqslant s \; ,$$

où r et s sont deux entiers vérifiant $\delta = r + 2s$. On définit des applications

$\tau_1,\ldots,\tau_\delta$ de K dans $\mathbb{R}$ par :

$$\tau_h = \begin{cases} \sigma_h & \text{pour} \quad 1 \leqslant h \leqslant r ; \\ \operatorname{Re} \sigma_h & \text{pour} \quad r+1 \leqslant h \leqslant r+s \\ \operatorname{Im} \sigma_h & \text{pour} \quad r+s+1 \leqslant h \leqslant \delta = r+2s . \end{cases}$$

Choisissons deux entiers X et ℓ :

$$X = [(\sqrt{2}\,A)^{\frac{m\delta}{n-m\delta}}] \text{ , et}$$

$$\ell = 1 + [\sqrt{2}\,AX] \quad ,$$

où [ ] désigne la partie entière, de telle manière que l'on ait

$$X \leqslant (\sqrt{2}\,A)^{\frac{m\delta}{n-m\delta}} ,$$

et

$$(1+X)^{n-m\delta} > (\sqrt{2}\,A)^{m\delta} ,$$

donc (puisque $A > 1$),

$$(1+X)^n > (1+\sqrt{2}\,AX)^{m\delta} > \ell^{m\delta} .$$

Le lemme 1.3.2 (avec $\nu = n$, $\mu = m\delta$, $U = A$) montre qu'il existe des entiers rationnels $x_1,\ldots,x_n$, non tous nuls, vérifiant

$$\max_{1 \leqslant i \leqslant n} |x_i| \leqslant (\sqrt{2}\,A)^{\frac{m\delta}{n-m\delta}} ,$$

et

$$\max_{\substack{1 \leqslant h \leqslant \delta \\ 1 \leqslant j \leqslant m}} \left|\sum_{i=1}^{n} \tau_h(a_{i,j})x_i\right| \leqslant \frac{AX}{1+[\sqrt{2}\,AX]} .$$

On en déduit

$$\max_{\substack{1 \leqslant h \leqslant r \\ 1 \leqslant j \leqslant m}} \left|\sum_{i=1}^{n} \sigma_h(a_{i,j})x_i\right| \leqslant \frac{AX}{1+[\sqrt{2}\,AX]} ,$$

et

$$\max_{\substack{r+1\leqslant h\leqslant\delta \\ 1\leqslant j\leqslant m}} \left|\sum_{i=1}^{n} \sigma_h(a_{i,j})x_i\right| \leqslant \frac{\sqrt{2}\,AX}{1+[\sqrt{2}\,AX]} ,$$

d'où

$$\left|N_{K/\mathbb{Q}}\left(\sum_{i=1}^{n} a_{i,j}\, x_i\right)\right| \leqslant 2^{s}\left(\frac{AX}{1+[\sqrt{2}\,AX]}\right)^{\delta} .$$

Dans cette dernière inégalité, le membre de gauche est un entier rationnel, et le membre de droite est majoré (puisque $s \leqslant \frac{\delta}{2}$) par

$$\left(\frac{\sqrt{2}\,AX}{1+[\sqrt{2}\,AX]}\right)^{\delta} < 1 .$$

D'où

$$\sum_{i=1}^{n} a_{i,j}\, x_i = 0 \quad \text{pour} \quad 1 \leqslant j \leqslant m .$$

§1.4 Extensions transcendantes

Soient K un corps et A un anneau contenant K. On dit que des éléments $x_1,\ldots,x_n$ de A forment une partie de A algébriquement libre sur K (ou bien que $x_1,\ldots,x_n$ sont algébriquement indépendants sur K) si l'homomorphisme canonique

$$\beta : K[X_1,\ldots,X_n] \to K[x_1,\ldots,x_n]$$

(de l'anneau des polynômes sur K à n indéterminées, sur le sous-anneau de A engendré par $x_1,\ldots,x_n$), qui est l'identité sur K et qui envoie X_i sur x_i $(1 \leqslant i \leqslant n)$, est un isomorphisme.

Dans ces conditions, tout sous-ensemble de $\{x_1,\ldots,x_n\}$ forme une partie algébriquement libre de A sur K ; en particulier, chacun des éléments $x_1,\ldots,x_n$ est transcendant sur K. Deux éléments x_1,x_2 sont algébriquement indépendants sur K

si et seulement si x_1 est transcendant sur K et x_2 est transcendant sur $K(x_1)$.

Inversement, si l'homomorphisme β n'est pas injectif, c'est-à-dire s'il existe un polynôme non nul

$$P \in K[X_1,\dots,X_n]$$

tel que

$$P(x_1,\dots,x_n) = 0 ,$$

alors on dit que $x_1,\dots,x_n$ sont <u>algébriquement dépendants</u> sur K.

Une partie E (finie ou non) de A est <u>algébriquement libre</u> sur K si toute partie finie de E est algébriquement libre sur K.

Soit L une extension d'un corps K ; une partie B de L est une <u>base de transcendance de L sur K</u> si B vérifie l'une des trois propriétés équivalentes suivantes.

(i) B est une partie maximale algébriquement libre de L sur K.

(ii) B est une partie algébriquement libre de L sur K, et L est une extension algébrique de K(B).

(iii) B est une partie minimale de L telle que L soit une extension algébrique de K(B).

Toute extension L de K admet des bases de transcendance, et deux telles bases sont équipotentes ; si L admet une base de transcendance finie, le nombre $n \geqslant 0$ d'éléments de cette base est appelé <u>degré de transcendance de L sur K</u> (ou <u>dimension algébrique de L sur K</u>) et <u>noté</u>

$$n = \dim_K L .$$

Ainsi une extension de type fini a un degré de transcendance fini. On remarque que, si $K \subset L \subset M$ sont trois corps, alors on a

$$\dim_K M = \dim_K L + \dim_L M ,$$

dès que l'un des deux membres a un sens.

Notons qu'une extension de K est algébrique si et seulement si elle a un degré de transcendance nul sur K.

Deux exemples d'extensions transcendantes seront utilisés. Le premier est $K = \mathbb{Q}$, $L = \mathbb{C}$; on dit que des nombres complexes sont <u>algébriquement indépendants</u> s'ils sont algébriquement indépendants sur $\mathbb{Q}$ (ou sur $\overline{\mathbb{Q}}$, cela revient au même). Le deuxième exemple utilise comme corps L le corps des fonctions méromorphes sur un ouvert connexe U de $\mathbb{C}$; on définit une injection

$$\mathbb{C} \subset L$$

en faisant correspondre à $\alpha \in \mathbb{C}$ l'application constante $z \mapsto \alpha$ de U dans $\mathbb{C}$. Soit

$$f_0 : U \to \mathbb{C}$$

l'application identité : $f_0(z) = z$ pour tout $z \in U$, et soit

$$K = \mathbb{C}(f_0)$$

(que l'on écrit quelquefois $K = \mathbb{C}(z)$). On dit qu'une fonction méromorphe $f : U \to \mathbb{C}$ est <u>algébrique</u> (resp. <u>transcendante</u>) si f est un élément de L algébrique sur K (resp. transcendant sur K), c'est-à-dire s'il existe (resp. s'il n'existe pas) un polynôme non nul $P \in \mathbb{C}[X_1, X_2]$ tel que

$$P(z, f(z)) = 0 \quad \text{pour tout} \quad z \in U .$$

Par exemple, pour des raisons évidentes de périodicité, une fonction exponentielle

$$z \mapsto \exp(\ell z)$$

(où $\ell \in \mathbb{C}$, $\ell \neq 0$) est transcendante. Plus généralement, on a le résultat suivant.

<u>Lemme</u> 1.4.1. <u>Soient</u> $b_1,\ldots,b_h$ <u>des nombres complexes. Les fonctions entières</u>

$$z \text{ , } e^{b_1 z},\ldots,e^{b_h z}$$

<u>sont algébriquement indépendantes sur</u> $\mathbb{C}$ <u>si et seulement si les nombres</u>

$$b_1,\ldots,b_h$$

<u>sont</u> $\mathbb{Q}$-<u>linéairement indépendants.</u>

<u>Démonstration du lemme</u> 1.4.1

Il est clair qu'une relation

$$\lambda_1 b_1 +\ldots+ \lambda_h b_h = 0 \quad , \quad \text{où } \lambda_j \in \mathbb{Z} \text{ , } (1 \leqslant j \leqslant h) \text{ ,}$$

entraîne

$$(e^{b_1 z})^{\lambda_1}\ldots(e^{b_h z})^{\lambda_h} = 1 \quad \text{pour tout} \quad z \in \mathbb{C} \text{ .}$$

Supposons maintenant les nombres $b_1,\ldots,b_h$ $\mathbb{Q}$-linéairement indépendants, et soit

$$P \in \mathbb{C}[X_0,\ldots,X_h]$$

un polynôme non nul. Il s'agit de démontrer que la fonction entière

$$F : z \mapsto P(z , e^{b_1 z},\ldots,e^{b_h z})$$

n'est pas la fonction nulle.

Ecrivons le polynôme P sous la forme

$$P(X_o,\ldots,X_h) = \sum_{\lambda_o=0}^{\delta_o} \cdots \sum_{\lambda_h=0}^{\delta_h} p_{\lambda_o,\ldots,\lambda_h} X_o^{\lambda_o}\ldots X_h^{\lambda_h} ;$$

ainsi

$$F(z) = \sum_{(\lambda)} p(\lambda)\, z^{\lambda_o} \exp(\lambda_1 b_1 +\ldots+ \lambda_h b_h)z ,$$

où on a noté $(\lambda) = (\lambda_o,\ldots,\lambda_h)$.

Les nombres

$$\lambda_1 b_1 +\ldots+ \lambda_h b_h \quad , \quad 0 \leqslant \lambda_j \leqslant \delta_j \ (1 \leqslant j \leqslant h) ,$$

sont deux à deux distincts ; écrivons les

$$w_1,\ldots,w_q ,$$

avec $q = (\delta_1+1)\ldots(\delta_\ell+1)$. On peut écrire alors la fonction F sous la forme

$$F(z) = \sum_{i=1}^{p} \sum_{j=1}^{q} a_{i,j}\, z^{i-1} e^{w_j z} ,$$

où $p = \delta_o+1$, et $a_{i,j}$ $(1 \leqslant i \leqslant p , 1 \leqslant j \leqslant q)$ sont des nombres complexes non tous nuls (car $P \neq 0$). Il nous reste donc à démontrer le résultat suivant

(1.4.2) <u>Soient</u> $P_1,\ldots,P_q$ <u>des polynômes non nuls de</u> $\mathbb{C}[X]$; <u>soient</u> $w_1,\ldots,w_q$ <u>des nombres complexes deux à deux distincts. Alors la fonction entière</u>

$$F : z \mapsto \sum_{k=1}^{q} P_k(z)\, e^{w_k z}$$

<u>n'est pas identiquement nulle.</u>

On démontre (1.4.2) par récurrence sur q ; le cas $q = 1$ est immédiat ; supposons $q > 1$, et notons p_i le degré du polynôme P_i $(1 \leqslant i \leqslant q)$. On remarque qu'il existe des polynômes $Q_1,\ldots,Q_{q-1}$ de $\mathbb{C}[X]$, de degré $p_1,\ldots,p_{q-1}$ respectivement, tels que

$$\frac{d^{p_q+1}}{dz^{p_q+1}} e^{-w_q z} F(z) = \sum_{j=1}^{q-1} Q_j(z)\, e^{(w_j-w_q)z} .$$

D'après l'hypothèse de récurrence, le membre de droite n'est pas identiquement nul, donc $F \neq 0$.

§1.5 Généralités sur les fonctions complexes

Soient f et g deux fonctions réelles de variable réelle. On note

$$f(x) \ll g(x) \qquad \text{pour } x \to +\infty,$$

ou, plus simplement,

$$f \ll g ,$$

s'il existe deux nombres réels positifs A et C tels que

$$x > A \Longrightarrow f(x) \leqslant C.g(x) .$$

Soient ρ un réel positif et f une fonction entière (c'est-à-dire une application holomorphe de $\mathbb{C}$ dans $\mathbb{C}$). On dira que f est d'ordre (strict) inférieur ou égal à ρ si

(1.5.1) $$\operatorname{Log} |f|_R = \operatorname{Log} \sup_{|z|=R} |f(z)| \ll R^\rho \qquad \text{pour } R \to +\infty.$$

Une fonction méromorphe est d'ordre inférieur ou égal à ρ si elle est quotient de deux fonctions entières d'ordre inférieur ou égal à ρ .

Exemples. Une fraction rationnelle est d'ordre inférieur ou égal à ρ quel que soit $\rho > 0$. Les fonctions sinus, cosinus, exponentielles sont d'ordre inférieur ou égal à 1. Si $n \in \mathbb{Z}$, $n > 0$, la fonction $z \mapsto \exp(z^n)$ est d'ordre inférieur ou égal à n. Si f est une fonction paire $(f(-z) = f(z)$ pour tout $z \in \mathbb{C})$ d'ordre inférieur ou égal à ρ , alors $f(\sqrt{z})$ est d'ordre inférieur ou égal à $\frac{\rho}{2}$. Enfin la fonction

$$z \mapsto \exp(\exp z)$$

n'est pas d'ordre fini.

Principe du maximum ; lemme de Schwarz.

Soit f une fonction holomorphe dans un ouvert contenant le disque fermé $\{z \in \mathbb{C} ; |z| \leqslant R\}$. Le principe du maximum s'énonce alors (sous une forme faible, la seule que nous aurons à utiliser) :

$$\sup_{|z|\leqslant R} |f(z)| = \sup_{|z|=R} |f(z)| \overset{\text{déf.}}{=\!=} |f|_R .$$

Dans chacune des démonstrations de transcendance, nous utiliserons le principe du maximum pour majorer, sur un disque $|z| \leqslant r$, une fonction f holomorphe sur un ouvert contenant un disque $|z| \leqslant R$, avec $0 < r < R$, lorsque la fonction f possède de nombreux zéros sur le disque $|z| \leqslant r$.

Le cas le plus simple est le lemme de Schwarz :

(1.5.2) Si f est une fonction holomorphe dans un ouvert contenant un disque $|z| \leqslant R$, telle que $f(0) = 0$, alors, pour tout $z \in \mathbb{C}$, $|z| \leqslant R$, on a

$$|f(z)| \leqslant \frac{|z|}{R} |f|_R .$$

La démonstration du lemme de Schwarz est un exemple typique de celles que nous aurons à effectuer. Le développement de Taylor à l'origine de la fonction f s'écrit

$$f(z) = a_1 z + a_2 z^2 + \ldots + a_n z^n + \ldots ,$$

puisque $f(0) = 0$. Soit g la fonction définie par

$$g(z) = a_1 + a_2 z + \ldots + a_n z^{n-1} + \ldots ;$$

g est holomorphe dans un ouvert contenant $|z| \leqslant R$, et $f(z) = z.g(z)$ dans cet ouvert. D'après le principe du maximum, on a

$$|g(z)| \leqslant |g|_R \quad \text{pour tout} \quad z \in \mathbf{C} , |z| \leqslant R ,$$

donc

$$|f(z)| = |z.g(z)| \leqslant |z|.|g|_R \leqslant |z|.\frac{|f|_R}{R}$$

pour tout $z \in \mathbf{C}$, $|z| \leqslant R$.

Zéros de fonctions entières

L'analyticité des fonctions holomorphes permet de montrer facilement qu'une fonction holomorphe non nulle dans un ouvert connexe U a ses zéros isolés.

En effet, soit $z_0 \in U$, et soit Δ un disque ouvert de centre z_0 inclus dans U . Dans Δ , f est égale à la somme de sa série de Taylor calculée en z_0 :

$$f(z) = \sum_{n \geqslant 0} a_n (z-z_0)^n .$$

Si f n'est pas la fonction nulle dans U , alors (en vertu de la connexité de U), f n'est pas la fonction nulle dans Δ , donc les nombres a_n , $(n \geqslant 0)$ ne sont pas tous nuls. Soit

$$h = \inf\{n \geqslant 0 \ ; \ a_n \neq 0\} .$$

La fonction

$$g(z) = \sum_{k \geqslant 0} a_{k+h} (z-z_0)^k$$

est holomorphe dans Δ , donc continue en z_0 , et

$$f(z) = (z-z_0)^h.g(z) \quad \text{pour tout} \quad z \in \Delta .$$

Il existe un voisinage ouvert V de z_o dans Δ tel que

$$|g(z)| > \frac{|a_h|}{2} \quad \text{pour tout} \quad z \in V ,$$

car $a_h = g(z_o) \neq 0$. Dans l'ouvert V , la fonction f admet au plus un zéro (z_o).

Notons en passant le résultat suivant : <u>si</u> f <u>est une fonction holomorphe non nulle dans un ouvert connexe</u> U , <u>pour tout</u> $z_o \in U$ <u>il existe un entier</u> $n \geqslant 0$ <u>tel que</u>

$$\frac{d^n}{dz^n} f(z_o) \neq 0 .$$

Nous aurons besoin de renseignements plus précis sur les zéros de fonctions entières. Nous utiliserons pour cela la <u>formule de Jensen</u> : soit f une fonction holomorphe non nulle dans un disque ouvert de centre 0 et de rayon $R > 0$. Soit r un nombre réel, $0 < r < R$, soient $a_1,\ldots,a_p$ les zéros non nuls de f (comptés avec leur ordre de multiplicité) dans le disque $|z| \leqslant r$, et soit $c_k z^k$ $(k \geqslant 0$ entier) le premier terme non nul du développement de Taylor de f à l'origine. Alors on a

$$(1.5.3) \qquad \frac{1}{2\pi}\int_0^{2\pi} \operatorname{Log}|f(re^{i\theta})|\,d\theta = \operatorname{Log}|c_k| + k \operatorname{Log} r + \sum_{h=1}^{p} \operatorname{Log} \frac{r}{|a_h|} .$$

Pour démontrer la relation (1.5.3), on remarque que la fonction

$$G(z) = z^{-k}.f(z).\prod_{h=1}^{p} \frac{r^2 - z\bar{a}_h}{r(z-a_h)}$$

est holomorphe dans le disque $|z| < R$, et sans zéros dans le disque $|z| \leqslant r$. Donc la fonction $\operatorname{Log}|G(z)|$ est harmonique dans un disque $|z| < r+\varepsilon$ (avec $\varepsilon > 0$), et par conséquent

$$\operatorname{Log}|G(0)| = \frac{1}{2\pi}\int_0^{2\pi} \operatorname{Log}|G(re^{i\theta})|\,d\theta .$$

Or

$$|G(re^{i\theta})| = r^{-k}.|f(re^{i\theta})| \quad , \quad 0 \leqslant \theta \leqslant 2\pi \ ,$$

et

$$G(0) = c_k. \prod_{h=1}^{p} \frac{-r}{a_h} \ ,$$

d'où le résultat. Pour plus de détails, voir par exemple [Rudin, théorème 15.18].

La formule de Jensen montre que, <u>si</u> f <u>est une fonction entière non nulle d'ordre inférieur ou égal à</u> ρ , <u>alors le nombre</u> $n(f,R)$ <u>de zéros de</u> f <u>dans le disque</u> $|z| < R$ <u>vérifie</u>

(1.5.4) $$n(f,R) \ll R^{\rho} \quad \underline{\text{pour}} \quad R \to +\infty$$

Une conséquence qui nous sera très utile est la suivante : <u>si</u> f <u>est une fonction méromorphe non nulle d'ordre inférieur ou égal à</u> ρ , <u>et si</u> $x_1,\dots,x_n$ <u>sont des nombres complexes</u> $\mathbb{Q}$<u>-linéairement indépendants, avec</u> $n > \rho$, <u>alors l'un au moins des nombres</u>

$$f(k_1x_1 + \dots + k_nx_n) \quad , \quad k_i \in \mathbb{Z} \ , \ k_i \geqslant 1 \ (1 \leqslant i \leqslant n)$$

<u>est non nul.</u>

Nous allons démontrer un résultat plus précis que (1.5.4).

(1.5.5) <u>Soit</u> f <u>une fonction entière non nulle, et soit</u> $\lambda > 1$. <u>Pour</u> $R > 0$ <u>réel, on note</u> $n(f,R)$ <u>le nombre de zéros de</u> f <u>(comptés avec leur ordre de multiplicité) dans le disque</u> $|z| < R$. <u>Alors on a</u>

$$n(f,R) \ll \operatorname{Log}|f|_{\lambda R} \quad \underline{\text{pour}} \quad R \to +\infty.$$

Notons $a_1,\dots,a_p,\dots$ les zéros non nuls de f , avec $|a_p| \leqslant |a_{p+1}|$ pour tout $p \geqslant 1$. Si ces zéros sont en nombre fini, le résultat est trivial.

Soit $p \geqslant 1$ un entier, tel que $|a_p| < |a_{p+1}|$, et soit r un nombre réel, $|a_p| < r \leqslant |a_{p+1}|$. D'après la formule (1.5.3) de Jensen, on a :

$$\sum_{h=1}^{p} \operatorname{Log} \frac{r}{|a_h|} \leqslant \operatorname{Log} |f|_r - \operatorname{Log} |c_k| - k \operatorname{Log} r ,$$

où $c_k = \dfrac{f^{(k)}(0)}{k!}$ est le coefficient du premier terme non nul de la série de Taylor de f en 0. Or on a

$$\sum_{h=1}^{p} \operatorname{Log} \frac{r}{|a_h|} = \sum_{h=1}^{p} \int_{|a_h|}^{r} \frac{dx}{x} = \int_0^r \frac{n(f,x)-k}{x} dx .$$

D'autre part, la croissance de la fonction $x \mapsto n(f,x)$, et l'inégalité

$$n(f,x) \geqslant k \quad \text{pour tout } x \geqslant 0$$

montrent que l'on a

$$(n(f,R)-k)\operatorname{Log} \lambda \leqslant \int_R^{\lambda R} \frac{n(f,x)-k}{x} dx \leqslant \int_0^{\lambda R} \frac{n(f,x)-k}{x} dx .$$

On en déduit, en choisissant $r = \lambda R$

(1.5.6) $$n(f,R) \leqslant \frac{1}{\operatorname{Log} \lambda} (\operatorname{Log} |f|_{\lambda R} - \operatorname{Log} |c_k| - k \operatorname{Log} R)$$

ce qui démontre (1.5.5), donc aussi (1.5.4).

Enfin, nous dirons qu'un nombre complexe ℓ est un logarithme d'un nombre a si $e^{\ell} = a$. En particulier, un nombre ℓ est un logarithme d'un nombre algébrique si $e^{\ell} \in \overline{\mathbb{Q}}$; ainsi, le nombre $i\pi$ est un logarithme d'un nombre algébrique.

Si x est un nombre réel positif, on notera $\operatorname{Log} x$ le logarithme népérien de x.

§1.6 Références

Les résultats présentés dans ce chapitre 1 sont à peu près tous très classiques. De plus amples renseignements (avec démonstrations) sur la théorie des corps pourront être obtenus en consultant [Lang, A.] par exemple. La notion de "taille" que nous avons donnée est celle de "size" dans [Lang, T.] ; elle n'est pas universellement adoptée, et d'autres définitions sont légitimes (les exercices 1.2.a à 1.2.c proposent quelques comparaisons entre différentes notations).

Il existe de nombreuses variantes du lemme de Siegel ; les premières ont été obtenues par Dirichlet dans l'étude d'approximations de nombres algébriques [Schmidt, 1971] ; mentionnons également un théorème de Kronecker sur les approximations diophantiennes [Hille, 1942, lemme 2] ; l'énoncé 1.3.1 est dû à Maurice Mignotte. Nous établirons plus loin (lemme 4.3.1) un lemme de Siegel pour les extensions de $\mathbb{Q}$ de type fini.

Le lemme 1.4.1 sera considérablement amélioré au chapitre 6 ; mais, pour le début, ce résultat grossier sera suffisant.

La définition de l'"ordre" d'une fonction, telle qu'elle est donnée au §1.5, ne coïncide pas avec la notion classique (2.3.1) des livres de théorie des fonctions analytiques, par exemple [Rudin] (il manque un ε). Ici encore, nous avons suivi les notations de [Lang, T].

Le chapitre 1 ne prétend pas contenir tous les résultats utilisés dans la suite, mais seulement les principaux ; par exemple nous n'hésiterons pas à utiliser, sans les démontrer, les propriétés du résultant de deux polynômes (au chapitre 5).

EXERCICES

Exercice 1.2.a

Soit

$$P=\sum_{\lambda_1=0}^{m_1}\cdots\sum_{\lambda_q=0}^{m_q} p(\lambda_1,\dots,\lambda_q)X_1^{\lambda_1}\dots X_q^{\lambda_q}\in\mathbb{C}[X_1,\dots,X_q]$$

un polynôme en q variables à coefficients complexes. On définit la <u>hauteur</u> de P par

$$H(P)=\max_{\lambda_1,\dots,\lambda_q}|p(\lambda_1,\dots,\lambda_q)|\ ,$$

la <u>longueur</u> de P par

$$L(P)=\sum_{\lambda_1=0}^{m_1}\cdots\sum_{\lambda_q=0}^{m_q}|p(\lambda_1,\dots,\lambda_q)|\ ,$$

la <u>norme euclidienne</u> de P par

$$\|P\|=\Big(\sum_{\lambda_1=0}^{m_1}\cdots\sum_{\lambda_q=0}^{m_q}|p(\lambda_1,\dots,\lambda_q)|^2\Big)^{\frac12}\ ,$$

et la <u>mesure</u> de P par

$$M(P)=\exp\int_{H_q}\operatorname{Log}|P(e^{2i\pi u_1},\dots,e^{2i\pi u_q})|\,du_1\dots du_q\ ,$$

avec $M(0)=0$.

Vérifier les inégalités suivantes :

$$H(P)\leqslant L(P)\leqslant(1+m_1)\dots(1+m_q)\,H(P)$$

$$\|P\|\leqslant L(P)\leqslant(1+m_1)^{\frac12}\dots(1+m_q)^{\frac12}\,\|P\|$$

$$H(P)\leqslant\|P\|\leqslant(m_1+1)^{\frac12}\dots(m_n+1)^{\frac12}H(P)$$

$$M(P)\leqslant L(P)\leqslant 2^{m_1+\dots+m_q}\,M(P)$$

$$2^{-(m_1+\dots+m_q-\nu)}\,H(P)\leqslant M(P)\leqslant\|P\|\ ,$$

où ν est le nombre d'inconnues $X_1,\dots,X_q$, qui interviennent avec un degré $\geqslant 1$ dans P. [Mahler, 1961].

Exercice 1.2.b. Soit α un nombre algébrique, et soit $P \in \mathbb{Z}[X]$ le polynôme minimal de α sur $\mathbb{Z}$:

$$P(X) = \sum_{j=0}^{n} a_j X^j \quad , \quad n = [\mathbb{Q}(\alpha) : \mathbb{Q}] \ .$$

On note $\alpha_1, \dots, \alpha_n$ les racines de P, c'est-à-dire les conjugués de α sur $\mathbb{Q}$ (avec $\alpha_1 = \alpha$ par exemple). On définit la <u>hauteur</u> de α par

$$H(\alpha) = H(P) = \max_{0 \leqslant j \leqslant n} |a_j| \ ,$$

la <u>longueur</u> de α par

$$L(\alpha) = L(P) = \sum_{j=0}^{n} |a_j| \ ,$$

la <u>norme euclidienne</u> de α par

$$\|\alpha\| = \|P\| = \Big(\sum_{j=0}^{n} |a_j|^2\Big)^{\frac{1}{2}} \ ,$$

<u>la mesure</u> de α par

$$M(\alpha) = M(P) = \exp \int_0^1 \operatorname{Log}|P(e^{2i\pi u})| du \ ,$$

et la <u>taille du polynôme minimal de</u> α par

$$\sigma(\alpha) = t(P) = \max(\operatorname{Log} H(\alpha), n+1).$$

Rappelons que l'on note

$$|\overline{\alpha}| = \max_{1 \leqslant i \leqslant n} |\alpha_i| \ .$$

1. Vérifier la relation

$$|\overline{\alpha}| \leqslant H(\alpha) + 1 \qquad \text{pour tout} \quad \alpha \in \overline{\mathbb{Q}} \ .$$

En déduire, pour $\alpha \neq 0$,

$$|\alpha| \geqslant [H(\alpha) + 1]^{-1} \ .$$

[Cijsouw, 1972, lemmes 1.2 et 1.3].

2. Vérifier l'inégalité

$$H(\alpha) \leqslant (2.d(\alpha).\max(1,|\overline{\alpha}|))^n ,$$

pour tout nombre algébrique α de degré $\leqslant n$

[Schneider, T., lemme 4] ; [Ramachandra, 1967, lemme 1] ; [Cijsouw, 1972, lemme 1.4].

3. Quelles inégalités lient les nombres

$$H(\alpha) , L(\alpha), \|\alpha\| , M(\alpha) , \sigma(\alpha) , |\overline{\alpha}| , [\mathbb{Q}(\alpha):\mathbb{Q}] ?$$

(Utiliser l'exercice 1.2.a).

4. Ecrire l'inégalité (1.2.3) en remplaçant la fonction s successivement par les fonctions

$$H , L , \|.\| , M \text{ et } \sigma .$$

5. Vérifier l'égalité

$$M(\alpha) = |a_n| . \prod_{h=1}^{n} \max(1,|\alpha_h|)$$

[Mahler, 1960].

Exercice 1.2.c

1) Montrer que, si P et Q appartiennent à $\mathbb{Z}[X]$, on a

$$L(P+Q) \leqslant L(P) + L(Q)$$

et

$$L(P.Q) \leqslant L(P).L(Q) .$$

[Mahler, 1969].

2) Soient α et β deux nombres algébriques non nuls de degré n et m respectivement. Vérifier

$$L(\alpha.\beta^{-1}) \leqslant 2^{n.m}.L^{m}(\alpha).L^{n}(\beta) .$$

[Feldman, 1968a, lemme 3].

En déduire des majorations de

$$f(\alpha.\beta) \quad \text{et} \quad f(\alpha.\beta^{-1})$$

en fonction de $f(\alpha)$, $f(\beta)$, $n = [\mathbb{Q}(\alpha) : \mathbb{Q}]$ et $m = [\mathbb{Q}(\beta) : \mathbb{Q}]$, pour chacune des fonctions f de l'exercice 1.2.b :

$$H \text{ , } L \text{ , } \|.\| \text{, } M \text{ et } \sigma \text{ .}$$

Exercice 1.2.d. Soient $\alpha_1,\ldots,\alpha_q$ des nombres algébriques de degré $d_1,\ldots,d_q$ respectivement. On note

$$d = [\mathbb{Q}(\alpha_1,\ldots,\alpha_q):\mathbb{Q}] .$$

Soit $P \in \mathbb{Z}[X_1,\ldots,X_q]$ un polynôme de degré inférieur ou égal à N_i par rapport à X_i $(1 \leqslant i \leqslant q)$. Montrer que, si

$$P(\alpha_1,\ldots,\alpha_q) \neq 0 ,$$

alors on a

$$|P(\alpha_1,\ldots,\alpha_q)| \geqslant L(P)^{1-d} . \prod_{i=1}^{q} \|\alpha_i\|^{-\frac{dN_i}{d_i}} .$$

(Utiliser l'exercice 4.2.d et consulter [Feldman, 1968b, lemme 2]).

En déduire une minoration de $|\alpha-\beta|$ (quand α et β sont deux nombres algébriques distincts) en fonction de

$$H(\alpha) , H(\beta) , [\mathbb{Q}(\alpha):\mathbb{Q}] \text{ et } [\mathbb{Q}(\beta):\mathbb{Q}] .$$

[Feldman et Shidlovskii, 1966, (1.9)].

Exercice 1.3.a. Soient $u_{i,j}$ $(1 \leqslant i \leqslant \nu \ , \ 1 \leqslant j \leqslant \mu)$ des nombres réels, et soient $U_1,\ldots,U_\mu$ des entiers rationnels positifs, tels que

$$U_j \geqslant \sum_{i=1}^{\nu} |u_{i,j}| \quad , \quad \text{pour} \quad 1 \leqslant j \leqslant \mu .$$

Soient $X_1,\ldots,X_\nu$, $\ell_1,\ldots,\ell_\mu$ des nombres entiers positifs tels que

$$\ell_1 \ldots \ell_\mu < \prod_{i=1}^{\nu} (1+X_i).$$

Montrer qu'il existe des éléments $\xi_1,\ldots,\xi_\nu$ de $\mathbb{Z}$, non tous nuls, tels que

$$|\xi_i| \leqslant X_i \quad \text{pour} \quad 1 \leqslant i \leqslant \nu ,$$

et

$$\left|\sum_{i=1}^{\nu} u_{i,j} \ \xi_i\right| \leqslant \frac{U_j}{\ell_j} \max_{1 \leqslant i \leqslant \nu} X_i .$$

Exercice 1.3.b. Soient $a_{i,j}$ $(1 \leqslant i \leqslant n\ ,\ 1 \leqslant j \leqslant m)$ des entiers algébriques. Pour $1 \leqslant j \leqslant m$, notons K_j le sous-corps de $\mathbb{C}$ obtenu en adjoignant à $\mathbb{Q}$ les n nombres

$$a_{1,j}, \dots, a_{n,j} ,$$

et

$$\delta_j = [K_j : \mathbb{Q}]$$

le degré de K_j . Soient $A_1, \dots, A_m$ des entiers positifs vérifiant

$$A_j \geqslant \max_{1 \leqslant h \leqslant \delta_j} \sum_{i=1}^{n} |\sigma_h^{(j)}(a_{i,j})| \quad \text{pour} \quad 1 \leqslant j \leqslant m ,$$

où

$$\sigma_1^{(j)}, \dots, \sigma_{\delta_j}^{(j)}$$

sont les différents plongements de K_j dans $\mathbb{C}$ $(1 \leqslant j \leqslant m)$. On suppose

$$n > \mu = \delta_1 + \dots + \delta_m .$$

Montrer qu'il existe des entiers rationnels non tous nuls

$$x_1, \dots, x_n$$

vérifiant

$$\sum_{i=1}^{n} a_{i,j}\, x_i = 0 \quad \text{pour} \quad 1 \leqslant j \leqslant m ,$$

et

$$\max_{1 \leqslant i \leqslant n} |x_i| \leqslant (2^{\frac{\mu}{2}} A_1^{\delta_1} \dots A_m^{\delta_m})^{\frac{1}{n-\mu}} .$$

Montrer ensuite qu'on peut remplacer $2^{\frac{\mu}{2}}$ par 1 dans cette dernière inégalité, dans le cas particulier où les corps $K_1, \dots, K_m$ sont totalement réels (c'est-à-dire $\sigma_h^{(j)}(K_j) \subset \mathbb{R}$ pour $1 \leqslant h \leqslant \delta_j$, $1 \leqslant j \leqslant m$).

Exercice 1.3.c. Soit K un corps de nombres. Montrer qu'il existe une constante $C_K > 0$ ayant la propriété suivante. Soient $a_{i,j}$ $(1 \leqslant i \leqslant n\ ,\ 1 \leqslant j \leqslant m)$ des éléments de K entiers sur $\mathbb{Z}$, avec $m > n$. Pour $1 \leqslant j \leqslant m$, soit

$$A_j = \max_{1 \leqslant i \leqslant n} s(a_{i,j}).$$

Alors il existe des éléments $x_1,\dots,x_n$ de K, entiers sur $\mathbb{Z}$, non tous nuls, et tels que

$$\sum_{i=1}^{n} a_{i,j}\, x_i = 0 \quad \text{pour} \quad 1 \leqslant j \leqslant m\ ,$$

et

$$\max_{1 \leqslant i \leqslant n} s(x_i) \leqslant \frac{1}{n-m}\,(A_1 + \dots + A_m + mC_K).$$

(Indications : utiliser le fait que l'anneau des entiers de K est un $\mathbb{Z}$-module de type fini et de rang $[K:\mathbb{Q}]$; écrire les inconnues $x_1,\dots,x_n$ dans une base d'entiers de K

$$w_1,\dots,w_\delta\ ,$$

et appliquer l'exercice précédent pour calculer C_K en fonction de δ et de

$$\max_{1 \leqslant h \leqslant \delta} s(w_h)).$$

Exercice 1.3.d. Soient $u_o,\ldots,u_m$ des nombres réels. Soit H un nombre entier positif. Montrer qu'il existe des entiers rationnels $\xi_o,\ldots,\xi_m$, non tous nuls, tels que

$$\max_{0\leqslant i\leqslant m} |\xi_i| \leqslant H$$

et

$$|u_o\xi_o +\ldots+ u_m\xi_m| \leqslant (|u_o| +\ldots+ |u_m|).H^{-m} .$$

(Indication : utiliser le lemme 1.3.2 avec

$$\mu = 1 \ ; \ \nu = m+1 \ ; \ u_{i,1} = u_{i-1} \ , \ (1 \leqslant i \leqslant m+1) \ ,$$

et choisir pour ℓ le plus grand entier strictement inférieur à

$$(H+1)^{m+1} .$$

On pourra ainsi majorer $\frac{H}{\ell}$ par H^{-m}).

Exercice 1.3.e. Soient u un nombre réel, et $Q > 0$ un entier rationnel. Montrer qu'il existe $\frac{p}{q} \in \mathbb{Q}$ tel que

$$|u-\frac{p}{q}| < \frac{1}{qQ} \ , \ 0 < q < Q$$

(théorème de Dirichlet ; voir par exemple [Feldman et Shidlovskii, 1966, (1.5)]).

Exercice 1.3.f. Soient $u_o,\ldots,u_m$ des nombres complexes. Soit H un entier positif. Montrer qu'il existe des entiers rationnels $\xi_o,\ldots,\xi_m$, non tous nuls, tels que

$$\max_{0\leqslant i\leqslant m} |\xi_i| \leqslant H$$

et

$$|u_o\xi_o +\ldots+ u_m\xi_m| < \sqrt{2}(|u_o| +\ldots+ |u_m|).H^{-\frac{1}{2}(m-1)} .$$

(Indication : les cas $m = 0$ et $m = 1$ sont triviaux ; si $m \geqslant 2$, utiliser le lemme 1.3.2 avec

$$\mu = 2 \ ; \ \nu = m+1 \ ; \ u_{i,1} = \mathrm{Re}(u_{i-1}) \ , \ u_{i,2} = \mathfrak{Im}(u_{i-1}) \ , \ 1 \leqslant i \leqslant \nu) .$$

En déduire le résultat suivant : si $x_1,\ldots,x_q$ sont des nombres complexes, et si $N_1,\ldots,N_q$, H sont des nombres entiers positifs, il existe un polynôme non nul $P \in \mathbf{Z}[X_1,\ldots,X_q]$, de degré inférieur ou égal à N_h par rapport à X_h $(1 \leqslant h \leqslant q)$ et de hauteur inférieure ou égale à H , tel que

$$|P(x_1,\ldots,x_q)| \leqslant \sqrt{2}\, H^{-\frac{1}{2}M+1}.e^{c(N_1+\ldots+N_q)} ,$$

où

$$M = \prod_{k=1}^{q} (1+N_k)$$

et

$$c = 1 + \mathrm{Log}\max(1 , |x_1|,\ldots,|x_q|) .$$

(Remarquer que $M < e^{N_1+\ldots+N_q}$). Comment peut-on améliorer ce résultat quand tous les nombres x_k $(1 \leqslant k \leqslant r)$ sont réels ? (utiliser l'exercice 1.3.d).

Comparer le cas $q = 1$ avec les résultats de K. Mahler, Acta Arith., 18 (1971) 63-76.

Exercice 1.3.g. Montrer qu'un nombre complexe σ est transcendant si et seulement si pour tout réel $w > 0$, il existe un entier $n > 0$ tel que l'inégalité

$$0 < |x_0 + x_1\sigma + \ldots + x_n\sigma^n| < (\max_{0\leq i\leq n} |x_i|)^{-w}$$

ait une infinité de solutions $(x_0,\ldots,x_n) \in \mathbb{Z}^{n+1}$.

(Indication : utiliser les exercices 1.2.d et 1.3.f) [Mahler, 1969].

Exercice 1.4.a. Soient $\wp_1,\dots,\wp_m$ des fonctions elliptiques de Weierstrass ; on note $(w_1^{(j)},w_2^{(j)})$ un couple de périodes fondamentales de $\wp_j$ $(1 \leq j \leq m)$.

a) Montrer que $\wp_1$ et $\wp_2$ sont algébriquement dépendantes (sur $\mathbb{C}$) si et seulement si il existe une matrice M carré 2×2 à coefficients rationnels telle que

$$(w_1^{(2)},w_2^{(2)}) = (w_1^{(1)},w_2^{(1)})M .$$

b) Montrer que les fonctions

$$e^z \; , \; \wp_1(z) \; , \; \wp_2(z)$$

sont algébriquement indépendantes si et seulement si les deux fonctions

$$\wp_1(z) \; , \; \wp_2(z)$$

le sont.

c) Si $\frac{1}{w_2^{(1)}},\dots,\frac{1}{w_m^{(1)}}$ sont $\mathbb{Q}$-linéairement indépendants et engendrent un $\mathbb{R}$-espace vectoriel de dimension 1, montrer que les fonctions

$$\wp_1,\dots,\wp_m$$

sont algébriquement indépendantes

[Ramachandra, 1967, lemme 7].

d) Soit ζ la fonction zêta de Weierstrass associée à une fonction elliptique $\wp$, et soient a, b deux nombres complexes, $(a,b) \neq (0,0)$. Montrer que les deux fonctions

$$\wp(z) \; , \; az + b\zeta(z)$$

sont algébriquement indépendantes

(Utiliser la relation de Legendre $w_1\eta_2 - w_2\eta_1 = 2i\pi$) [Schneider, T, p.60].

Exercice 1.4.b. Soient $f_1,\ldots,f_n$ des fonctions entières de $\mathbb{C}$ dans $\mathbb{C}$. Montrer que, si les fonctions entières

$$e^{f_1},\ldots,e^{f_n}$$

sont algébriquement indépendantes sur $\mathbb{C}(z)$, alors les fonctions

$$1 , f_1,\ldots,f_n$$

sont $\mathbb{Q}$-linéairement indépendantes.

(Narasimhan [1971] avait énoncé la réciproque, mais P. Bundschuh a donné un contre exemple dans son article : Ein funktionentheoretisches Analogon zum Satz von Lindemann, à paraître dans Archiv der Math.).

Exercice 1.4.c. Montrer que les fonctions

$$x \mapsto \int_0^x e^{-t^2}\,dt$$

et

$$x \mapsto \int_x^\infty \frac{e^t}{t}\,dt$$

sont des fonctions transcendantes sur $\mathbb{C}$.

[Hamming, 1970].

Exercice 1.5.a. Soit f une fonction holomorphe dans un ouvert U de $\mathbb{C}$ contenant un disque fermé $|z| \leqslant R$. On suppose que f admet les zéros $z_1,\dots,z_n$ dans le disque ouvert $|z| < R$.

1) Etablir la majoration

$$|f(0)| \leqslant R^{-n}.|z_1\dots z_n|.|f|_R .$$

(Indication : utiliser le principe du maximum, sur le disque $|z| \leqslant R$, pour la fonction

$$f(z) \cdot \prod_{j=1}^{n} \frac{R^2-z\bar{z}_j}{R(z-z_j)} ;$$

voir [Hille, 1942, lemme 3]).

2) Soit $z_0 \in \mathbb{C}$, $|z_0| < R$. Etablir la majoration

$$|f(z_0)| \leqslant |f|_R \cdot \sup_{|z|=R} \prod_{i=1}^{n} \left|\frac{z_0-z_i}{z-z_i}\right|$$

(Indication : utiliser le principe du maximum pour la fonction

$$f(z).\prod_{i=1}^{n} (z-z_i)^{-1} ;$$

voir [Waldschmidt, 1973b, lemme 1]).

Exercice 1.5.b. Soit f une fonction holomorphe dans un ouvert U de $\mathbb{C}$ contenant un disque fermé $|z| \leqslant R$; soit σ le nombre de zéros de f dans le disque $|z| \leqslant \rho$, avec $\rho < R$. Montrer que pour tout entier $s \geqslant 0$ et pour tout réel r vérifiant $0 < r \leqslant R$, on a

$$|f^{(s)}(0)| \leqslant \frac{s!}{r^s} \left(\frac{r+\rho}{R-\rho}\right)^{\sigma} . |f|_R .$$

(Utiliser la formule intégrale de Cauchy pour obtenir

$$r^s \frac{|f^{(s)}(0)|}{s!} \leqslant |f|_r \qquad \text{(inégalités de Cauchy),}$$

puis appliquer le deuxième résultat de l'exercice précédent).

Exercice 1.5.c. Soit f une fonction holomorphe non nulle dans un ouvert (connexe) contenant $|z| \leqslant R$, soit σ le nombre de zéros non nuls de f dans le disque $|z| \leqslant \rho$, et soit s le plus petit entier supérieur ou égal à 0 tel que $f^{(s)}(0) \neq 0$. Etablir la majoration

$$|f^{(s)}(0)| \leqslant s! \left(\frac{\rho}{R-\rho}\right)^{\sigma} . |f|_R$$

(Utiliser le principe du maximum pour la fonction

$$\frac{f(z)}{z^s . \prod_{i=1}^{\sigma} (z-x_i)} ,$$

où $x_1, \ldots, x_\sigma$ sont les zéros non nuls de f ; voir [Waldschmidt, 1973b, lemme 1]).

Exercice 1.5.d. Soit f une fonction entière dans $\mathbb{C}$. Soit $Q \in \mathbb{C}[X]$ un polynôme unitaire, de degré n. On note $z_1,\dots,z_m$ les racines distinctes de Q dans $\mathbb{C}$, et $k_1,\dots,k_m$ leurs ordres de multiplicité respectifs ; ainsi

$$Q(X) = \prod_{j=1}^{m} (X-z_j)^{k_j} .$$

Soit Γ un cercle dont l'intérieur contient les points $z_1,\dots,z_m$; soit z un autre point de l'intérieur de Γ ; on considère m cercles $\Gamma_1,\dots,\Gamma_m$, tels que l'intérieur de Γ_j contienne z_j , mais ne contienne pas z , ni z_ℓ pour $\ell \neq j$ $(1 \leqslant j \leqslant m)$. Vérifier la relation

$$\frac{1}{2i\pi}\int_\Gamma \frac{f(\zeta)}{Q(\zeta)}\frac{d\zeta}{\zeta-z} = \frac{f(z)}{Q(z)} + \frac{1}{2i\pi}\sum_{j=1}^{m}\sum_{h=0}^{k_j-1}\frac{1}{h!}\frac{d^h}{dz^h}f(z_j)\int_{\Gamma_j}\frac{(\zeta-z_j)^h}{\zeta-z}\frac{d\zeta}{Q(\zeta)}$$

[Lang, T, chap.VI, lemme 6], ou [Baker, 1966, I, p.212].

Exercice 1.5.e. Soient f et g deux fonctions entières, d'ordre inférieur ou égal à ρ . On suppose que la fonction f/g est entière. Vérifier

$$\text{Log} \sup_{|z|=R} \left|\frac{f(z)}{g(z)}\right| \ll R^\rho .$$

CHAPITRE 2

La méthode de Schneider

§2.1 Une première démonstration du théorème de Gel'fond Schneider sur la transcendance de a^b

La première démonstration de transcendance que nous allons étudier est une version simplifiée de celle qui permit, en 1934, à Schneider de résoudre le septième des problèmes posés par Hilbert au congrès de Paris de 1900. Nous étudierons, dans le chapitre suivant, la solution de Gel'fond.

Théorème 2.1.1. *Soient* $\ell \neq 0$ *et* $b \notin \mathbb{Q}$ *deux nombres complexes. L'un au moins des trois nombres*

$$a = e^{\ell} \ , \ b \ , \ a^b = e^{b\ell}$$

est transcendant.

On peut énoncer ce résultat sous la forme équivalente suivante :

(2.1.2) *Si* ℓ_1, ℓ_2 *sont deux logarithmes de nombres algébriques, et si* ℓ_1, ℓ_2 *sont* $\mathbb{Q}$*-linéairement indépendants, alors le nombre*

$$\frac{\ell_2}{\ell_1}$$

est transcendant (ce qui revient à dire que ℓ_1, ℓ_2 sont $\overline{\mathbb{Q}}$-linéairement indépendants).

On déduit de 2.1.1 la transcendance de e^{π} (choisir $\ell = i\pi$, $b = -i$).

2.2

Pour démontrer le théorème 2.1.1, nous suivons une méthode que Lang a utilisée [Lang, T., chap.II] pour démontrer un autre résultat de transcendance sur la fonction exponentielle (2.2.3).

La démonstration s'effectue par l'absurde : on suppose que les trois nombres complexes

$$b \, , \; e^{\ell} \, , \; e^{b\ell}$$

sont algébriques, avec $\ell \neq 0$ et b irrationnel. On remarque que les deux fonctions

$$z \, , \; e^{\ell z}$$

sont algébriquement indépendantes (grâce à la condition $\ell \neq 0$ et à (1.4.1)), et prennent des valeurs dans le corps

$$K = \mathbb{Q}(b \, , \; e^{\ell} \, , \; e^{b\ell})$$

pour $z = i + jb$, $(i,j) \in \mathbb{Z} \times \mathbb{Z}$.

Soit $\delta = [K : \mathbb{Q}]$, et soit d un dénominateur commun des trois nombres

$$b \, , \; e^{\ell} \, , \; e^{b\ell} \, .$$

On considère un nombre entier N suffisamment grand (c'est-à-dire minoré par un nombre fini d'inégalités que l'on va écrire). On pourra supposer que $N^{\frac{1}{2}}$ est entier.

Montrons tout d'abord qu'<u>il existe un polynôme non nul</u>

$$P_N \in \mathbb{Z}[X_1, X_2] \, ,$$

<u>de degré inférieur à</u> $N^{3/2}$ <u>par rapport à</u> X_1 , <u>de degré inférieur à</u> $2\delta N^{1/2}$ <u>par rapport à</u> X_2 , <u>et de taille inférieure ou égale à</u> $2N^{3/2}.\mathrm{Log}N$, <u>tel que la fonction</u>

$$F_N(z) = P_N(z, e^{\ell z})$$

<u>vérifie</u>

$$F_N(i+jb) = 0 \quad \underline{\text{pour}} \quad i = 1,\dots,N \quad \underline{\text{et}} \quad j = 1,\dots,N .$$

Pour obtenir ce résultat, on écrit le polynôme inconnu P_N sous la forme

$$P_N(X_1, X_2) = \sum_{\lambda=0}^{N^{3/2}-1} \sum_{\mu=0}^{2\delta N^{1/2}-1} p_{\lambda,\mu}(N)\, X_1^{\lambda}\, X_2^{\mu} ,$$

avec $p_{\lambda,\mu}(N) \in \mathbb{Z}$, et on considère le système d'équations en $p_{\lambda,\mu}(N)$:

$$d^{(4\delta+1)N^{3/2}} . F_N(i+jb) = 0 \quad , \quad (1 \leqslant i \leqslant N , 1 \leqslant j \leqslant N) ,$$

c'est-à-dire

$$\sum_{\lambda=0}^{N^{3/2}-1} \sum_{\mu=0}^{2\delta N^{1/2}-1} p_{\lambda,\mu}(N)\ (di+djb)^{\lambda} . (de^{\ell})^{i\mu} . (de^{b\ell})^{j\mu} . d^{(4\delta+1)N^{3/2}-\lambda-i\mu-j\mu} = 0 ,$$

$$(1 \leqslant i \leqslant N , 1 \leqslant j \leqslant N) .$$

On obtient ainsi un système de N^2 équations à $2\delta N^2$ inconnues, à coefficients dans K entiers sur $\mathbb{Z}$; ces coefficients ont une taille majorée par

$$N^{3/2} \operatorname{Log} N + N^{3/2}((8\delta+2)\operatorname{Log} d + \operatorname{Log}(1+|\overline{b}|) + 2\delta \operatorname{Log}|\overline{e^{\ell+b\ell}}|) \leqslant \frac{3}{2} N^{3/2} \operatorname{Log} N ,$$

grâce à (1.2.5).

Le lemme 1.3.1 de Siegel permet de trouver des nombres entiers rationnels

$$p_{\lambda,\mu}(N) , \quad (0 \leqslant \lambda \leqslant N^{3/2}-1 , 0 \leqslant \mu \leqslant 2\delta N^{1/2}-1) ,$$

non tous nuls, vérifiant

(2.1.3) $$\operatorname{Log} \max_{\lambda,\mu} |p_{\lambda,\mu}(N)| \leqslant 2\, N^{3/2} \operatorname{Log} N ,$$

(remarquer que l'exposant $\frac{m\delta}{n-m\delta}$ du lemme 1.3.1 est ici égal à 1), et tels que la fonction F_N vérifie

$$F_N(i+jb) = 0 \quad , \quad (1 \leqslant i \leqslant N , 1 \leqslant j \leqslant N) .$$

Les conditions $P_N \neq 0$ et $\ell \neq 0$ montrent que la fonction F_N n'est pas identiquement nulle ; or F_N est une fonction entière, d'ordre inférieur ou égal à 1, puisque

(2.1.4) $$\operatorname{Log}|F_N|_R \leqslant 2\delta N^{1/2}|\ell|R + N^{3/2}\operatorname{Log} R + 2N^{3/2}\operatorname{Log} N + \operatorname{Log}(2\delta N^2) \ll R \quad \text{pour } R \to +\infty.$$

Comme nous l'avons vu en (1.5.4), ceci entraîne que l'un des nombres

$$F_N(k_1+k_2b) \ , \quad (k_1,k_2) \in \mathbf{Z}\times\mathbf{Z} \ , \ k_i \geqslant 1$$

est non nul (on utilise ici l'hypothèse $b \notin \mathbf{Q}$). Par conséquent, <u>il existe un entier</u> $M \geqslant N$ <u>tel que</u>

(2.1.5) $$F_N(i+jb) = 0 \quad \underline{\text{pour}} \quad 1 \leqslant i \leqslant M \ , \ 1 \leqslant j \leqslant M \ ,$$

<u>et</u>

(2.1.6) <u>Il existe</u> $(i_o,j_o) \in \mathbf{Z}\times\mathbf{Z}$, $1 \leqslant i_o \leqslant M+1$, $1 \leqslant j_o \leqslant M+1$, <u>avec</u>

$$\gamma_N = F_N(i_o+j_ob) \neq 0 \ .$$

La suite de la démonstration consiste à majorer $\gamma_N = F_N(i_o+j_ob)$, puis à le minorer, ce qui apportera la contradiction attendue.

<u>Vérifions, pour commencer, la majoration</u>

(2.1.7) $$\operatorname{Log}|\gamma_N| \leqslant -\frac{1}{5} M^2 \operatorname{Log} M \ .$$

On remarque pour cela que la fonction

$$F_N(z).\prod_{i=1}^{M}\prod_{j=1}^{M}(z-i-jb)^{-1}$$

est entière, à cause de (2.1.5). On lui applique le principe du maximum sur le disque $|z| \leqslant R = (1+|b|)M^{5/4}$.

On obtient

$$|\gamma_N| = |F_N(i_0+j_0b)| \leqslant |F_N|_R . \sup_{|z|=R} \prod_{i=1}^{M} \prod_{j=1}^{M} \left| \frac{(i_0-i)+(j_0-j)b}{z-i-jb} \right| .$$

On majore, pour $|z| = R$,

$$\frac{i_0-i+(j_0-j)b}{z-i-jb}$$

par

$$\frac{(M+2)(1+|b|)}{R-M(1+|b|)} \leqslant \frac{M+2}{M^{5/4}-M} \leqslant 2\ M^{-1/4}$$

pour N (donc M) suffisamment grand.

D'autre part, grâce à (2.1.4), on a

$$\operatorname{Log}|F_N|_R \leqslant (2\delta|\ell|+1)RN^{1/2} \leqslant (2\delta|\ell|+1)(1+|b|)M^{7/4} \leqslant M^2$$

dès que N est suffisamment grand.

On obtient ainsi

$$\operatorname{Log}|\gamma_N| \leqslant 2M^2 - \frac{1}{4} M^2 \operatorname{Log} M \leqslant -\frac{1}{5} M^2 \operatorname{Log} M \quad ,$$

ce qui démontre (2.1.7).

Pour minorer γ_N , il suffit de majorer la taille $s(\gamma_N)$, puis d'utiliser la relation (1.2.3)

$$-2\,\delta\, s(\gamma_N) \leqslant \operatorname{Log}|\gamma_N| \ ,$$

puisque $\gamma_N \in K$ avec $[K:\mathbb{Q}] = \delta$, et $\gamma_N \neq 0$ d'après (2.1.6).

Montrons que l'on a

(2.1.8) $$s(\gamma_N) \leqslant 4\ M^{3/2} \operatorname{Log} M \quad ,$$

donc

$$\operatorname{Log}|\gamma_N| \geqslant -8\delta\ M^{3/2} \operatorname{Log} M \quad ,$$

ce qui contredira (2.1.7).

Le calcul de la taille est très simple, grâce à (1.2.5) : on constate que

$$d^{N^{3/2}+4\delta N^{\frac{1}{2}}(M+1)}$$

est un dénominateur de γ_N , et que

$$|\overline{\gamma_N}| \leqslant N^{2N^{3/2}} . M^{2N^{3/2}} \leqslant M^{4M^{3/2}} ,$$

ce qui démontre (2.1.8), et termine donc la démonstration du théorème 2.1.1.

On peut maintenant expliquer les raisons du choix des deux fonctions $R_1(N) = N^{3/2}$ et $R_2(N) = N^{1/2}$ exprimant le degré du polynôme P_N par rapport à X_1 et X_2 respectivement.

Pour appliquer le lemme de Siegel, on a utilisé l'inégalité

$$R_1(N)R_2(N) \geqslant 2\,\delta N^2 .$$

La majoration de la taille de γ_N fait intervenir uniquement la quantité

$$R_1(N).\mathrm{Log}\, M + R_2(N).M .$$

Si les deux fonctions R_1 et R_2 sont monotones croissantes, on aura

$$s(\gamma_N) \ll \max\{R_1(M)\mathrm{Log}\, M , R_2(M).M\} .$$

Il est donc naturel de choisir R_1 , R_2 de telle manière que les deux quantités

$$R_1(N)\mathrm{Log}\, N \quad \text{et} \quad R_2(N)N$$

aient le même ordre de grandeur. Le choix optimum (compte tenu de l'inégalité

$$R_1(N)R_2(N) \geqslant 2\,\delta N^2)$$

serait

$$R_1(N) = [(2\delta)^{1/2}.N^{3/2}.(\mathrm{Log}\,N)^{-1/2}]+1 ,$$

et

$$R_2(N) = [(2\delta)^{1/2}.N^{1/2}.(\mathrm{Log}\,N)^{1/2}]+1 ,$$

où [ ] désigne la partie entière.

Le choix que nous avons fait n'est pas essentiellement différent, et il fournit des fonctions plus simples.

Une fois choisies R_1 et R_2 , il reste à donner une valeur au paramètre R , rayon du disque sur lequel on utilise le principe du maximum pour majorer γ_N . On va choisir R beaucoup plus grand que M et on majore

$$\sup_{|z|=R} \prod_{i=1}^{M} \prod_{j=1}^{M} \left| \frac{(i_0-i)+(j_0-j)b}{z-i-jb} \right|$$

par

$$-M^2 \mathrm{Log}\,\frac{R}{M} + M^2 \mathrm{Log}\,2(1+|b|) .$$

Si on vérifie l'inégalité

$$M^2 \mathrm{Log}\,2(1+|b|) + \mathrm{Log}|F_N|_R \leqslant \frac{1}{5} M^2 \mathrm{Log}\frac{R}{M} ,$$

on obtiendra

$$\mathrm{Log}|\gamma_N| \leqslant -\frac{4}{5} M^2 \mathrm{Log}\frac{R}{M}$$

(ce $\frac{4}{5}$ est évidemment sans importance).

Dans la majoration (2.1.4) de $\mathrm{Log}|F_N|_R$, le terme principal est

$$2\,\delta N^{\frac{1}{2}} |\ell| R .$$

Pour obtenir le résultat, il suffit que l'on choisisse $R \leqslant M^{3/2}$; un choix possible est celui que nous avons fait :

$$R = (1+|b|)M^{5/4}.$$

Notons que le théorème 6.1.1 permettrait de majorer le nombre M de la démonstration précédente (qui est fonction de N) par

$$M \leqslant 3\delta N$$

mais nous n'avions pas à utiliser cette majoration ici.

§2.2 Valeurs algébriques de fonctions entières

Quand on examine la démonstration précédente, on constate que l'on peut se contenter d'utiliser les seules propriétés suivantes.

Les deux fonctions $f_1(z) = z$ et $f_2(z) = e^{\ell z}$ (où $\ell \in \mathbb{C}$, $\ell \neq 0$) sont entières, algébriquement indépendantes sur $\mathbb{C}$, d'ordre inférieur ou égal à ρ_1 , ρ_2 respectivement $(0 < \rho_1 < 1$, et $\rho_2 = 1)$. Elles prennent des valeurs dans le corps

$$K = \mathbb{Q}(e^{\ell},b,e^{b\ell}) ,$$

(qui est un corps de nombres par hypothèse), pour tout point z de l'ensemble

$$S = \{i+jb \ ; \ (i,j) \in \mathbb{Z}\times\mathbb{Z}\} \ ;$$

plus précisément, si N est un entier, pour

$$z \in S_N = \{i+jb \ ; \ 1 \leqslant i \leqslant N \ , \ 1 \leqslant j \leqslant N\} \subset S \ ,$$

on a

$$s(f_1(z)) \leqslant \operatorname{Log} N + 2s(b) \ll N^{\rho_1} \ ,$$

et

$$s(f_2(z)) \leqslant N(s(e^{\ell})+s(e^{b\ell})) \ll N$$

pour $N \to +\infty$.

Enfin, on a

$$\max_{z \in S_N} |z| \leqslant (1+|b|)N \ll N ,$$

et

$$\text{Card } S_N = N^2$$

(grâce à l'irrationnalité de b).

En formalisant cette démonstration, on obtient un résultat général.

Théorème 2.2.1. *Soit K un corps de nombres ; soient $f_1,\dots,f_d$ des fonctions entières, algébriquement indépendantes sur $\mathbb{Q}$, d'ordre inférieur ou égal à $\rho_1,\dots,\rho_d$ respectivement, avec $d \geqslant 2$. Soit ℓ un nombre réel positif, et soit (S_N) une suite de sous-ensembles finis de $\mathbb{C}$, tels que*

$$f_i(S_N) \subset K , \text{ et } \max_{z \in S_N} s(f_i(z)) \ll N^{\rho_i} , \; 1 \leqslant i \leqslant d ;$$

$$\text{card } S_N \gg N^{\ell} , \text{ et } \max_{z \in S_N} |z| \ll N , \text{ pour } N \to +\infty .$$

Alors on a

$$\ell \leqslant \frac{\rho_1+\dots+\rho_d}{d-1} . \tag{2.2.2}$$

On obtient évidemment comme corollaire le théorème 2.1.1 de Gel'fond Schneider ; d'autre part on déduit du théorème 2.2.1 le

Corollaire 2.2.3. *Soient a_1,a_2 (resp. b_1,b_2,b_3) des nombres complexes $\mathbb{Q}$-linéairement indépendants. Alors l'un au moins des six nombres*

$$\exp(a_i b_j) \quad , \quad (i = 1,2 \; ; \; j = 1,2,3) ,$$

est transcendant.

Pour démontrer le corollaire 2.2.3, on peut

- soit utiliser les deux fonctions

$$f_1(z) = e^{a_1 z} \quad , \quad f_2(z) = e^{a_2 z} ,$$

avec

$$S_N = \{ib_1 + jb_2 + kb_3 \ , \ 1 \leqslant i \leqslant N \ , \ 1 \leqslant j \leqslant N \ , \ 1 \leqslant k \leqslant N\}$$

et

$$d = 2 \ , \ \ell = 3 \ , \ \rho_1 = \rho_2 = 1 \ ;$$

- soit utiliser les trois fonctions

$$f_1(z) = e^{b_1 z} \ , \ f_2(z) = e^{b_2 z} \ , \ f_3(z) = e^{b_3 z} \ ,$$

avec

$$S_N = \{ia_1 + ja_2 \ , \ 1 \leqslant i \leqslant N \ , \ 1 \leqslant j \leqslant N\}$$

et

$$d = 3 \ , \ \ell = 2 \ , \ \rho_1 = \rho_2 = \rho_3 = 1 \ .$$

Le corollaire 2.2.3 peut s'énoncer sous la forme équivalente suivante :

(2.2.4) si $\ell_1 , \ell_2 , \ell_3 , \ell'_1 , \ell'_2 , \ell'_3$ sont des logarithmes non nuls de nombres algébriques, et si

$$\frac{\ell_1}{\ell'_1} = \frac{\ell_2}{\ell'_2} = \frac{\ell_3}{\ell'_3} \notin \mathbb{Q} \ ,$$

alors ℓ_1 , ℓ_2 , ℓ_3 sont $\mathbb{Q}$-linéairement dépendants.

<u>Démonstration du théorème</u> 2.2.1

Montrons déjà qu'il suffit d'établir le résultat dans le cas

$$\max_{1 \leq i \leq d} \rho_i < \frac{\rho_1 + \dots + \rho_d + \ell}{d} . \tag{2.2.5}$$

Supposons par exemple que l'on ait

$$\rho_d \geq \frac{\rho_1 + \dots + \rho_d + \ell}{d} ,$$

c'est-à-dire

$$\rho_d \geq \frac{\rho_1 + \dots + \rho_{d-1} + \ell}{d-1} .$$

Si la conclusion du théorème était fausse, on aurait

$$\ell > \frac{\rho_1 + \dots + \rho_d}{d-1} ,$$

donc

$$\ell > \frac{\rho_1 + \dots + \rho_{d-1}}{d-1} + \frac{\rho_1 + \dots + \rho_{d-1} + \ell}{(d-1)^2} ,$$

d'où

$$[(d-1)^2 - 1]\ell > d(\rho_1 + \dots + \rho_{d-1}) ,$$

ce qui entraîne $d > 2$ et

$$\ell > \frac{\rho_1 + \dots + \rho_{d-1}}{d-2} .$$

Ainsi il suffit que l'on démontre le théorème pour les fonctions $f_1, \dots, f_{d-1}$. Par récurrence, on se ramène au cas où l'inégalité (2.2.5) est vérifiée.

On supposera aussi

$$\max \rho_i < \ell , \tag{2.2.6}$$

la conclusion du théorème étant immédiate dans le cas contraire (sous l'hypothèse

2.2.5). L'hypothèse

$$\mathrm{Card}\, S_N >> N^{\ell} \quad \text{pour} \quad N \to +\infty$$

montre qu'il existe un réel $C > 0$ tel que

$$\mathrm{Card}\, S_N \geqslant C.N^{\ell}$$

pour tout N suffisamment grand. Quitte à remplacer chaque S_N par $\bigcup_{k=1}^{N} T_k$, où T_k est un sous-ensemble convenable de S_k, on peut supposer

$$S_N \subset S_{N+1} \quad \text{et} \quad CN^{\ell} \leqslant \mathrm{Card}\, S_N \leqslant (C+1)N^{\ell} .$$

Soit $\delta = [K:\mathbb{Q}]$; on note

$$\rho = \frac{\rho_1+\dots+\rho_d}{d} ,$$

et on suppose

(2.2.7) $$\ell > \rho + \frac{\ell}{d} .$$

Soit N un entier ; les majorations que nous écrirons seront vraies dès que N est suffisamment grand.

Pour commencer, montrons qu'<u>il existe un polynôme non nul</u>

$$P_N \in \mathbb{Z}[X_1,\dots,X_d] ,$$

<u>de degré inférieur ou égal à</u>

(2.2.8) $$R_i = R_i(N) = [(2\delta(C+1))^{\frac{1}{d}}.N^{\rho+\frac{\ell}{d}-\rho_i}]$$

<u>par rapport à</u> X_i $(1 \leqslant i \leqslant d)$, <u>et de taille majorée par</u>

(2.2.9) $$t(P_N) << N^{\rho+\frac{\ell}{d}} ,$$

<u>tel que la fonction</u>

$$F_N = P_N(f_1, \ldots, f_d)$$

<u>vérifie</u>

$$F_N(z) = 0 \quad \underline{\text{pour tout}} \quad z \in S_N .$$

Pour obtenir ce résultat, on résoud le système

$$\partial_1(z)^{R_1} \ldots \partial_d(z)^{R_d} F_N(z) = 0 \quad \text{pour} \quad z \in S_N ,$$

où $\partial_i(z)$ est le dénominateur de $f_i(z)$ pour $z \in S_N$, $(1 \leqslant i \leqslant d)$. On obtient ainsi un système de

$$\text{Card } S_N \leqslant (C+1)N^{\ell}$$

équations à

$$(R_1+1)\ldots(R_d+1) > 2\delta(C+1)N^{\ell}$$

inconnues (les inconnues étant les coefficients de P_N) ; les coefficients de ce système d'équations sont :

$$\prod_{i=1}^{d} \partial_i(z)^{R_i-\lambda_i} \cdot \prod_{i=1}^{d} (\partial_i(z)f_i(z))^{\lambda_i} , \text{ avec } 0 \leqslant \lambda_i \leqslant R_i , 1 \leqslant i \leqslant d .$$

On peut majorer la taille de ces coefficients (qui sont des entiers de K sur $\mathbb{Z}$) par

$$\max_{z \in S_N} \sum_{i=1}^{d} R_i (\text{Log } \partial_i(z) + \text{Log}|\overline{f_i(z)}|) \ll \sum_{i=1}^{d} R_i N^{\rho_i} \ll N^{\rho + \frac{\ell}{d}} .$$

Le lemme 1.3.1 montre qu'il existe des entiers rationnels

$$p_N(\lambda_1, \ldots, \lambda_d) , \ 0 \leqslant \lambda_i \leqslant R_i , \ 1 \leqslant i \leqslant d ,$$

non tous nuls, majorés par

$$\text{Log} \max_{\lambda_1,\ldots,\lambda_d} |p_N(\lambda_1,\ldots,\lambda_d)| << N^{\rho+\frac{\ell}{d}} ,$$

tels que la fonction

$$F_N = \sum_{\lambda_1=0}^{R_1} \cdots \sum_{\lambda_d=0}^{R_d} p_N(\lambda_1,\ldots,\lambda_d) f_1^{\lambda_1} \cdots f_d^{\lambda_d}$$

vérifie

$$F_N(z) = 0 \qquad \text{pour tout} \qquad z \in S_N .$$

La fonction F_N ainsi construite n'est pas identiquement nulle (car $P_N \neq 0$, et les fonctions $f_1,\ldots,f_d$ sont algébriquement indépendantes sur $\mathbb{Q}$). C'est une fonction entière, d'ordre inférieur ou égal à $\max_{1\leqslant i\leqslant d} \rho_i$. Les relations (1.5.4) et (2.2.6) montrent que les nombres

$$F_N(z) , \ (z \in \bigcup_{M>0} S_M) ,$$

ne sont pas tous nuls.

<u>Soit</u> M <u>le plus grand entier tel que tous les nombres</u>

$$F_N(z) , \ (z \in S_M = \bigcup_{0\leqslant H\leqslant M} S_H)$$

<u>soient nuls</u>. <u>On a donc</u> $M \geqslant N$, <u>et il existe</u> $z_o \in S_{M+1}$ <u>tel que</u>

$$\gamma_N = F_N(z_o) \neq 0 .$$

Vérifions maintenant la majoration

$$\text{(2.2.10)} \qquad \text{Log}|\gamma_N| \leqslant -M^{\ell} .$$

Utilisons le principe du maximum, sur le disque

$$|z| \leqslant R = M \text{ Log } M ,$$

pour la fonction

$$F_N(z).\prod_{t\in S_M}(z-t)^{-1} ;$$

On obtient

$$|\gamma_N| = |F_N(z_o)| \leqslant |F_N|_R . \sup_{|z|=R} \prod_{t\in S_M} \left|\frac{z_o-t}{z-t}\right| .$$

On majore $|F_N|_R$ par

$$\mathrm{Log}|F_N|_R \ll \max_{1\leqslant i\leqslant d} N^{\rho+\frac{\ell}{d}-\rho_i}.R^{\rho_i}$$

$$\ll M^{\ell} ,$$

grâce à l'hypothèse

(2.2.7) $$\rho+\frac{\ell}{d} < \ell ,$$

et on majore

$$\mathrm{Log}\sup_{|z|=R} \prod_{t\in S_M} \left|\frac{z_o-t}{z-t}\right|$$

par

$$\left(\frac{2M+1}{R-M}\right)^{\mathrm{Card}\, S_M} \leqslant \left(\frac{3}{\mathrm{Log}\, M}\right)^{C.M^{\ell}} .$$

Si N est suffisamment grand, on a

$$C\, M^{\ell}\,\mathrm{Log}\, 3 + \mathrm{Log}\, |F_N|_R \leqslant \frac{C}{2}\, M^{\ell}\,\mathrm{Log}\,\mathrm{Log}\, M ,$$

donc

$$\mathrm{Log}|\gamma_N| \leqslant -\frac{C}{2}\, M^{\ell}\,\mathrm{Log}\,\mathrm{Log}\, M \leqslant -M^{\ell} ,$$

ce qui démontre (2.2.10).

Majorons maintenant la taille de γ_N .

On remarque que

$$\partial_1(z_o)^{R_1}\ldots\partial_d(z_o)^{R_d}$$

est un dénominateur de γ_N , avec

$$\operatorname{Log} \partial_i(z_o) << M^{\rho_i} , \quad 1 \leqslant i \leqslant d .$$

D'autre part on a (soit directement, soit en utilisant 1.2.5) :

$$|\overline{\gamma_N}| \leqslant (R_1+1)\ldots(R_d+1)e^{t(P_N)} . \prod_{i=1}^{d} \max(1,|\overline{f_i(z_o)}|^{R_i}) ,$$

donc

$$(2.2.11) \qquad s(\gamma_N) << \sum_{i=1}^{d} R_i \, M^{\rho_i} << M^{\rho+\frac{\ell}{d}} .$$

Les inégalités (2.2.7), (2.2.10) et (2.2.11) montrent que la relation

$$-2[K:\mathbb{Q}].s(\gamma_N) \leqslant \operatorname{Log}|\gamma_N|$$

n'est pas vérifiée, bien que $\gamma_N \in K$ soit non nul. Cette contradiction termine la démonstration.

Précisons comment ont été choisies les fonctions $R_1,\ldots,R_d$. On a cherché à satisfaire l'inégalité

$$R_1\ldots R_d > 2\delta(C+1)N^{\ell} ,$$

en rendant la quantité

$$\sum_{i=1}^{d} R_i \, N^{\rho_i}$$

minimum. On a donc imposé

$$R_1 \, N^{\rho_1} = \ldots = R_d \, N^{\rho_d} ,$$

ce qui donne immédiatement $R_1,\ldots,R_d$.

§2.3 Références

La démonstration, par Schneider, du théorème sur la transcendance de a^b date du 28 mai 1934 [Schneider, 1934]. On la trouvera également exposée dans [Siegel, T chap.III §1]. La différence essentielle avec celle présentée ici [Waldschmidt, 1973b, chap.I] réside dans la construction d'un nombre $\gamma_N \neq 0$, que l'on devra ensuite majorer et minorer. Dans la démonstration originale de Schneider, ce nombre apparaît non pas comme une valeur de la fonction F_N, mais comme un déterminant dont on doit montrer qu'il est non nul (exercice 6.1.b).

Le théorème 2.2.1 est une généralisation d'un résultat de Lang [Lang, T., chap.II, §2, Th.2] et d'un résultat de Ramachandra [Ramachandra, 1967, Th.1]. Le résultat de Lang correspond à $d = 2$, $\rho_1 = \rho_2$; on ne peut pas en déduire le théorème 2.1.1 de Gel'fond Schneider. L'énoncé de Ramachandra contient l'hypothèse supplémentaire

$$\max_{1 \leqslant i \leqslant d} \rho_i \leqslant \frac{\rho_1 + \cdots + \rho_d}{d-1} ;$$

de plus, les notations de Ramachandra sont beaucoup moins agréables que celles de Lang (que nous avons adoptées ici).

On peut étendre le théorème 2.2.1 aux valeurs de fonctions méromorphes dans $\mathbb{C}$ [Waldschmidt, 1972a] ; il permet alors d'obtenir des résultats de transcendance de valeurs de fonctions elliptiques, et même, plus généralement, de majorer la dimension algébrique de sous-groupes à un paramètre de certaines variétés de groupe, en fonction du nombre de points $\mathbb{Q}$-linéairement indépendants que ces sous-groupes contiennent [Lang, T, chap.II §3 et 4] et [Waldschmidt, 1973a].

La première démonstration du corollaire 2.2.3 a été publiée par Lang, bien que le résultat semble avoir été connu avant par Siegel. Ce résultat ne paraît pas le meilleur possible, Lang conjecture que, si a_1, a_2 (resp. b_1, b_2) sont des nombres complexes $\mathbb{Q}$-linéairement indépendants, alors l'un au moins des quatre nombres

$$e^{a_i b_j}, \quad (i=1,2 \ ; \ j=1,2),$$

est transcendant. [Lang, T., chap.II §1].

Avec les notations 2.2.4, ceci revient à montrer que si des logarithmes non nuls ℓ_1, ℓ_2, ℓ'_1, ℓ'_2 de nombres algébriques vérifient

$$\frac{\ell_1}{\ell'_1} = \frac{\ell_2}{\ell'_2} \notin \mathbb{Q},$$

alors $\frac{\ell_1}{\ell_2} \in \mathbb{Q}$ [Schneider, T., problème 1, chap.V].

Pour obtenir cet énoncé, il suffirait que l'on puisse remplacer, dans la conclusion (2.2.2) du théorème 2.2.1, l'inégalité large par une inégalité stricte.

Dans le cas des fonctions

$$z, 2^z, 3^z, 5^z, \ldots,$$

on a $\ell = 1$, et cette inégalité stricte serait la meilleure possible.

Puisque l'inégalité (2.2.2) est large ($\leqslant$), la conclusion du théorème 2.2.1 resterait inchangée si on remplaçait la définition (1.5.1) de l'ordre d'une fonction entière F par celle, plus classique :

$$(2.3.1) \qquad \rho = \limsup_{R \to +\infty} \frac{\mathrm{LogLog}|F|_R}{\mathrm{Log}\ R}.$$

EXERCICES

Exercice 2.1.a. On sait que le groupe additif du corps $\overline{\mathbb{Q}} \cap \mathbb{R}$ des nombres réels algébriques est isomorphe au groupe multiplicatif $\overline{\mathbb{Q}} \cap \mathbb{R}_+^*$ des nombres algébriques réels positifs. Montrer qu'aucun de ces isomorphismes n'est localement croissant.

[Dieudonné, p. 164].

Exercice 2.1.b. Soit $P \in \mathbb{Z}[X,Y]$ un polynôme irréductible, tel que

$$P'_X \neq 0 \; ; \; P'_Y \neq 0 \; ; \; P(0,0) \neq 0 \; ; \; P(1,1) \neq 0 \; .$$

Soit α un nombre algébrique irrationnel.

Montrer que l'équation en z :

$$P(z , z^{\alpha}) = 0$$

n'a pas de racines dans $\overline{\mathbb{Q}}$.

[Fel'dman, 1964].

Exercice 2.1.c. On note $M_n(K)$ l'anneau des matrices carrées $n \times n$ à coefficients dans un corps K, et $GL_n(K)$ le groupe linéaire des matrices carrées $n \times n$ inversibles.

Soit $M \in M_n(\mathbb{C})$ une matrice qui n'est pas nilpotente, et soient α_1, α_2 deux nombres algébriques, tels que les deux matrices

$$\exp(M\alpha_1)\ ,\ \exp(M\alpha_2)$$

appartiennent à $GL_n(\overline{\mathbb{Q}})$.

Montrer que α_1, α_2 sont $\mathbb{Q}$-linéairement dépendants. (Indications : la matrice M possède au moins une valeur propre non nulle λ ; la fonction $t \mapsto \exp(\lambda t)$ prend des valeurs dans $\overline{\mathbb{Q}}$ pour $t = \alpha_1$ et $t = \alpha_2$. Le résultat demandé est donc équivalent au théorème 2.1.1 de Gel'fond Schneider).

[Waldschmidt, 1973, a].

Exercice 2.2.a. Soit $M \in M_n(\mathbb{C})$; on note d la dimension du sous-$\mathbb{Q}$-espace vectoriel de $\mathbb{C}$ engendré par les valeurs propres de M. Soient $t_1,\dots,t_m$ des nombres complexes $\mathbb{Q}$-linéairement indépendants tels que les matrices

$$\exp(Mt_j) \ , \ (1 \leqslant j \leqslant m)$$

appartiennent toutes à $GL_n(\overline{\mathbb{Q}})$.

1) Montrer que l'on a

$$md \leqslant m+d \ ,$$

c'est-à-dire $m \geqslant 3 \Longrightarrow d \leqslant 1$ et $m \geqslant 2 \Longrightarrow d \leqslant 2$.

(Soit $u_1,\dots,u_d$ une base du sous-$\mathbb{Z}$-module de $\mathbb{C}$ engendré par les valeurs propres de M ; l'hypothèse entraîne

$$\exp(u_i t_j) \in \overline{\mathbb{Q}} \ \text{pour} \ 1 \leqslant j \leqslant m \ , \ 1 \leqslant i \leqslant d \ ;$$

Le résultat demandé est donc équivalent à 2.2.3).

2) Montrer que, si la matrice M n'est pas diagonalisable, ni nilpotente, on a $m = 1$.

(c'est le théorème de Gel'fond Schneider).

Exercice 2.2.b. Si $f_1,\ldots,f_d$ sont des fonctions méromorphes, on note

$$\delta(f_1,\ldots,f_d)$$

le nombre maximum de nombres complexes W, $\mathbb{Q}$-linéairement indépendants, distincts des pôles de $f_1,\ldots,f_d$, et tels que

$$f_i(W) \in \overline{\mathbb{Q}} \quad \text{pour} \quad 1 \leqslant i \leqslant d .$$

Avec cette notation, le théorème 2.1.1 s'énonce

$$\delta(z, e^{\ell z}) \leqslant 1$$

pour $\ell \in \mathbb{C}$, $\ell \neq 0$, et (2.2.3) peut s'écrire

$$\delta(e^z, e^{bz}) \leqslant 2 \quad \text{si} \quad b \in \mathbb{C}, \; b \notin \mathbb{Q},$$

ou encore

$$\delta(e^{b_1 z}, e^{b_2 z}, e^{b_3 z}) \leqslant 1$$

si b_1, b_2, b_3 sont trois nombres complexes $\mathbb{Q}$-linéairement indépendants.

On désigne par $\wp$ et $\wp^*$ deux fonctions elliptiques de Weierstrass, algébriquement indépendantes, dont les invariants modulaires j et j^* sont algébriques, et par ζ la fonction zêta de Weierstrass associée à $\wp$. Montrer que l'on a

$$\delta(z, \wp(z)) \leqslant 2 \quad ;$$

$$\delta(e^z, \wp(z)) \leqslant 3 \quad ;$$

$$\delta(\wp(z), \wp^*(z)) \leqslant 4 \; ;$$

$$\delta(\wp(z), bz + \zeta(z)) \leqslant 4 \quad \text{pour tout} \quad b \in \mathbb{C} .$$

[Ramachandra, 1967] et [Waldschmidt, 1972a, (5.1)].

Exercice 2.2.c. Soit f une fonction entière transcendante, d'ordre inférieur ou égal à ρ ; soient μ un nombre réel positif, et $\left(\frac{p_k}{q_k}\right)_{k\geq 1}$ une suite de nombres rationnels, deux à deux distincts, tels que

$$\limsup_{k\to+\infty} \frac{1}{\operatorname{Log} k} \max\left[\operatorname{Log}|p_k| , \operatorname{Log}|q_k|\right] \leqslant \mu .$$

On suppose que

$$f\left(\frac{p_k}{q_k}\right) \in \mathbb{Z} \text{ pour tout } k \geqslant 1 .$$

En déduire

$$\rho\mu \geqslant 1 .$$

(Supposer $\rho\mu < 1$; soit $\varepsilon > 0$ tel que

$$(\rho+\varepsilon)(\mu+\varepsilon) < 1 .$$

D'après l'hypothèse, pour k suffisamment grand, on a

$$|p_k| \leqslant k^{\mu+\varepsilon} , \quad \text{et} \quad |q_k| \leqslant k^{\mu+\varepsilon} .$$

Si N est un entier positif, considérer

$$S_N = \left\{\frac{p_1}{q_1} ,\ldots, \frac{p_k}{q_k}\right\} , \quad \text{où } k = \left[N^{\frac{1}{\mu+\varepsilon}}\right] ,$$

et appliquer le théorème 2.2.1, avec

$$f_1(z) = z \; ; \; f_2(z) = f(z) \; ; \; d = 2 \; ; \; \rho_1 = \varepsilon \; ; \; \rho_2 = \rho ,$$

et

$$\ell = \frac{1}{\mu+\varepsilon}).$$

Exercice 2.2.d. Sous les hypothèses du théorème 2.2.1, on suppose que les fonctions $f_1,\dots,f_d$ ont une période $w \neq 0$ commune. Etablir l'inégalité

$$\ell \leqslant \frac{\rho_1+\dots+\rho_d-1}{d-1} .$$

(Quitte à remplacer chaque S_N par un sous-ensemble de $\mathbb{C}$ le contenant, on peut supposer

$$z \in S_N \Longrightarrow z+jw \in S_N , \quad \text{pour tout} \quad j \in \mathbb{Z} , -N \leqslant j \leqslant N .$$

Construire une suite (T_N) de sous-ensembles de $\mathbb{C}$, vérifiant

$$T_N \subset S_N \quad \text{pour tout} \quad N \geqslant 0 ;$$

$$\text{Card } T_N \leqslant \frac{1}{N} \text{ Card } S_N ;$$

pour tout $z \in S_N$, il existe $j \in \mathbb{Z}$, $-N \leqslant j \leqslant N$, tel que $z+jw \in T_N$.

Reprendre la démonstration du théorème 2.2.1 ; la fonction auxiliaire $F_N = P_N(f_1,\dots,f_d)$ étant périodique, de période w, il suffit qu'elle vérifie

$$F_N(z) = 0 \quad \text{pour tout} \quad z \in T_N$$

pour que l'on ait

$$F_N(z) = 0 \quad \text{pour tout} \quad z \in S_N).$$

[Ramachandra, 1967, Th.1] et [Waldschmidt, 1972 a].

Exercice 2.2.e. Les hypothèses sont celles du théorème 2.2.1, mais on suppose seulement que les fonctions $f_1,\dots,f_d$ sont méromorphes dans $\mathbb{C}$. Montrer que, pour que l'inégalité (2.2.2) soit encore valide, il suffit que l'on ajoute l'hypothèse suivante.

Pour tout $i = 1,\dots,d$, il existe une fonction entière h_i, d'ordre inférieur ou égal à ρ_i, telle que la fonction $h_i f_i$ soit entière (et d'ordre inférieur ou égal à ρ_i), et telle que

$$h_i(z) \neq 0 \text{ pour tout } z \in \bigcup_{N>0} S_N ,$$

et

$$\max_{z\in S_N} \operatorname{Log}\left|\frac{1}{h_i(z)}\right| \ll N^{\rho_i} \quad \text{pour } N \to +\infty .$$

(La seule modification à apporter à la démonstration du théorème 2.2.1 réside dans la vérification de 2.2.10.

On utilisera le principe du maximum, sur le disque $|z| \leqslant R = M \operatorname{Log} M$, pour la fonction entière

$$F_N(z) . \prod_{i=1}^{d} h_i(z)^{R_i} . \prod_{t\in S_M} (z-t)^{-1}) .$$

(Voir [Lang, T., chap.II, Th.2] pour le cas particulier

$$\rho_1 = \rho_2 , \; d = 2 ;$$

comparez avec (4.5.1)).

Exercice 2.2.f. Soient $f_1,\dots,f_d$ des fonctions entières, algébriquement indépendantes sur $\mathbb{Q}$. Soit $(z_n)_{n\geqslant 1}$ une suite de nombres complexes, deux à deux distincts, tels que

$$\lim_{R\to+\infty} \frac{\mathrm{Card}\{n \geqslant 1 \ ; \ |z_n| \leqslant \frac{R}{2}\}}{\max\limits_{1\leqslant i\leqslant d} \mathrm{Log}|f_i|_R} = +\infty .$$

On suppose que pour tout $i = 1,\dots,d$ et tout $n \geqslant 1$, le nombre $f_i(z_n)$ est algébrique. On note

$$\delta_n = [\mathbb{Q}(f_1(z_n),\dots,f_d(z_n)) : \mathbb{Q}] \quad \text{pour} \quad n \geqslant 1 .$$

Soient $R_1,\dots,R_d$ des applications de $\mathbb{N}$ dans $\mathbb{N}$, telles que

$$R_1(n)\dots R_d(n) \geqslant 2(\delta_1+\dots+\delta_n) \quad \text{pour tout} \quad n \geqslant 1 .$$

Montrer que, pour tout n suffisamment grand, il existe un entier $m \geqslant n+1$ tel que, pour tout $R > 0$, on ait

$$(m-1)\,\mathrm{Log}\frac{R}{3.\max\limits_{1\leqslant h\leqslant m}|z_h|} \leqslant \sum_{i=1}^{d} R_i(n)(4\delta_m(1+\max_{1\leqslant h\leqslant m} s(f_i(z_h))) + \mathrm{Log}(1+|f_i|_R)) .$$

Indications. Utiliser l'exercice 1.3.b pour construire, pour n suffisamment grand, un polynôme non nul

$$P_n \in \mathbb{Z}[X_1,\dots,X_d] ,$$

de degré inférieur ou égal à $R_i(n)$ par rapport à X_i, et tel que la fonction

$$F_n = P_n(f_1,\dots,f_d)$$

vérifie

$$F_n(z_h) = 0 \quad \text{pour} \quad 1 \leqslant h \leqslant n .$$

On majorera, de plus, la taille de P_n par

$$t(P_n) \leqslant \text{Log}\sqrt{2} + \sum_{h=1}^{n} \frac{\delta_h}{R_1(n)\ldots R_d(n)-(\delta_1+\ldots+\delta_n)} \times \sum_{i=1}^{d} R_i(n) \times$$

$$\times \text{Log}|\overline{d(f_i(z_h)).f_i(z_h)}| + \sum_{i=1}^{d} \text{Log}(R_i(n)+1) \ ;$$

en particulier

$$t(P_n) \leqslant 2 \sum_{i=1}^{d} R_i(n).(1 + \max_{1 \leqslant h \leqslant n} s(f_i(z_h))) \ .$$

La fonction F_n étant entière non nulle, la relation 1.5.5 (avec $\lambda = 2$) et les hypothèses faites montrent que les nombres

$$F_n(z_h) \ , \ h \geqslant 1$$

ne sont pas tous nuls. Soit m le plus petit entier tel que

$$\gamma_n = F_n(z_m) \neq 0 \ .$$

En utilisant le principe du maximum sur le disque de rayon R, avec $R > 3 \max_{1 \leqslant h \leqslant m} |z_h|$ (puisque le résultat est trivial dans le cas contraire), majorer γ_n par

$$\text{Log}|\gamma_n| \leqslant t(P_n) + \sum_{i=1}^{d} R_i(n)\text{Log} \max(|f_i|_R, 1) + \text{Log}(R_i+1) + \sup_{|t|=R} \text{Log} \sum_{h=1}^{m-1} \left|\frac{z_m - z_h}{t - z_h}\right| \ ;$$

On majorera ensuite, pour $|t| = R$, la quantité

$$\frac{z_m - z_h}{t - z_h}$$

par

$$\frac{3 \max_{1 \leqslant h \leqslant m} |z_h|}{R} \ .$$

Majorer ensuite la taille de γ_n par

$$s(\gamma_n) \leqslant t(P_n) + \sum_{i=1}^{d} R_i(n) s(f_i(z_m)) + \text{Log}(R_i+1) \ ,$$

et le dénominateur de γ_n par

2.28

$$d(\gamma_n) \leqslant \sum_{i=1}^{d} R_i(n) d(f_i(z_m)) ,$$

grâce à 1.2.5. Utiliser enfin (1.2.4) pour obtenir la conclusion.

Exercice 2.2.g. Déduire le théorème 2.2.1 de l'exercice précédent. Plus généralement, montrer que si les constantes δ , C_1 , $C_2,\dots$ qui interviennent dans les relations $\ll$ des hypothèses du théorème 2.2.1 satisfont une certaine inégalité, alors on peut remplacer la conclusion (2.2.2) par l'inégalité stricte

$$\ell < \frac{\rho_1+\dots+\rho_d}{d-1} .$$

(Indications. Se ramener au cas

$$\max_{1\leqslant i\leqslant d} \rho_i \leqslant \rho+\frac{\ell}{d} \quad \text{et} \quad \max_{1\leqslant i\leqslant d} \rho_i \leqslant \ell ;$$

choisir

$$R_i(N) = [(2\delta(C_1+1))^{\frac{1}{d}}.N^{\rho+\frac{\ell}{d}-\rho_i}] , \quad \rho = \frac{\rho_1+\dots+\rho_d}{d} ,$$

et $R = M.\lambda$, ($\lambda > 1$ réel indépendant de N et M). Ordonner les éléments de $S = \bigcup_{N\geqslant 0} S_N$ en une suite $(z_K)_{K\geqslant 1}$ de telle manière que

$$\prod_{z\in S_N} (X-z) = \prod_{K=1}^{\mathrm{Card}\, S_N} (X-z_K) .$$

On remarquera que l'on a

$$\max_{1\leqslant H\leqslant K} s(f_i(z_H)) \ll K^{\rho_i/\ell} ,$$

et

$$\max_{1\leqslant H\leqslant K} |z_H| \ll K^{1/\ell}).$$

CHAPITRE 3

La méthode de Gel'fond

§3.1 Le théorème de Hermite Lindemann

Pour illustrer cette deuxième méthode, nous commencerons par démontrer le théorème de Hermite Lindemann sur la transcendance de e^α. Nous verrons ensuite un résultat général sur les fonctions méromorphes satisfaisant des équations différentielles. Voici le théorème de Hermite Lindemann.

Théorème 3.1.1. *Soit α un nombre algébrique non nul. Alors le nombre e^α est transcendant.*

Il revient au même de dire qu'un logarithme non nul d'un nombre algébrique est transcendant. On en déduit la transcendance du nombre π.

On effectue, ici encore, la démonstration par l'absurde. Supposons les deux nombres

$$\alpha \, , \, e^\alpha$$

algébriques, avec $\alpha \neq 0$. Les deux fonctions

$$z \, , \, e^z \, ,$$

qui sont algébriquement indépendantes sur $\mathbb{C}$, prennent alors des valeurs dans le corps de nombres

$$K = \mathbb{Q}(\alpha, e^\alpha)$$

pour $z = j\alpha$, $j \in \mathbb{Z}$.

Soit $\delta = [K:\mathbb{Q}]$, et soit $\partial \in \mathbb{Z}$, $\partial > 0$ un dénominateur commun de α et e^{α}.

Soit N un nombre entier suffisamment grand.

Montrons déjà qu'<u>il existe un polynôme non nul</u>

$$P_N \in \mathbb{Z}[X,Y] ,$$

<u>de degré inférieur ou égal à</u>

$$R_1 = R_1(N) = [N.(\mathrm{Log}\ N)^{-1}]$$

<u>par rapport à</u> X , <u>de degré inférieur ou égal à</u>

$$R_2 = R_2(N) = [(\mathrm{Log}\ N)^2]$$

<u>par rapport à</u> Y , <u>et de taille inférieure ou égale à</u> N , <u>tel que la fonction</u>

$$F_N(z) = P_N(z,e^z)$$

<u>vérifie</u>

$$\left.\begin{array}{l} \dfrac{d^s}{dz^s} F_N(0) = 0 \\[2ex] \dfrac{d^s}{dz^s} F_N(\alpha) = 0 \end{array}\right\} \quad \text{pour} \quad s = 0,\ldots,N-1 .$$

Pour construire un tel polynôme P_N , on résout le système

$$\partial^{R_1+R_2} . \frac{d^s}{dz^s} F_N(j\alpha) = 0 , \quad (0 \leqslant s \leqslant N-1 , j = 0,1) ,$$

où les inconnues sont les coefficients $p_{\lambda,\mu}(N)$ de P_N . On écrit ce système sous la forme

$$\sum_{\lambda=0}^{R_1(N)} \sum_{\mu=0}^{R_2(N)} p_{\lambda,\mu}(N) \sum_{\sigma=0}^{\min(s,\lambda)} \frac{s!}{\sigma!(s-\sigma)!} \frac{\lambda!}{(\lambda-\sigma)!} \mu^{s-\sigma} . j^{\lambda-\sigma} . (\partial\alpha)^{\lambda-\sigma} . (\partial e^{\alpha})^{j\mu} . \partial^{R_1(N)-(\lambda-\sigma)+R_2(N)-j\mu} = 0 .$$

On doit résoudre $2N$ équations à au moins $[N\ \mathrm{Log}\ N]$ inconnues, à coefficients dans K entiers sur $\mathbb{Z}$. La taille de ces coefficients peut être majorée par

$$\mathrm{Log}(N+1) + N\,\mathrm{Log}\,2 + R_1\,\mathrm{Log}\,R_1 + N\,\mathrm{Log}\,R_2 + R_1\,\mathrm{Log}\,|\overline{\delta^2\alpha}| + R_2\,\mathrm{Log}\,|\overline{\delta^2 e^{\alpha}}| \leqslant 3N\,\mathrm{Log}(\mathrm{Log}\,N).$$

Le lemme (1.3.1) de Siegel montre qu'il existe des entiers rationnels

$$p_{\lambda,\mu}(N)\ ,\ 0 \leqslant \lambda \leqslant R_1\ ,\ 0 \leqslant \mu \leqslant R_2\ ,$$

vérifiant

$$0 < \max_{(\lambda,\mu)} |p_{\lambda,\mu}(N)| \leqslant 1 + [\sqrt{2}\, N(\mathrm{Log}\,N)^{3N+1}]^{\frac{2N}{N(\mathrm{Log}\,N-\delta)}}\ ,$$

et tels que la fonction

$$F_N(z) = \sum_{\lambda=0}^{R_1} \sum_{\mu=0}^{R_2} p_{\lambda,\mu}(N)\, z^{\lambda}\, e^{\mu z}$$

vérifie

$$\frac{d^s}{dz^s} F_N(j\alpha) = 0\ ,\ (0 \leqslant s \leqslant N-1\ ,\ j = 0,1)\ .$$

Pour N suffisamment grand, on a

$$\mathrm{Log} \max_{(\lambda,\mu)} |p_{\lambda,\mu}(N)| \leqslant 7N\, \frac{\mathrm{Log}\,\mathrm{Log}\,N}{\mathrm{Log}\,N} < N\ .$$

La fonction F_N ainsi construite n'est pas identiquement nulle, donc l'un des nombres

$$\frac{d^s}{dz^s} F_N(0)\ ,\ s \geqslant 0$$

est non nul. <u>Notons</u> M <u>le plus grand entier tel que</u>

$$\frac{d^s}{dz^s} F_N(j\alpha) = 0 \quad \text{pour} \quad s = 0,\dots,M-1\ ,\ j = 0,1\ .$$

On aura donc $M \geqslant N$, et il existe $j_0 \in \{0,1\}$ tel que

$$\gamma_N = \frac{d^M}{dz^M} F_N(j_0\alpha) \neq 0\ .$$

On note j_1 l'élément de $\{0,1\}$ distinct de j_0 .

La fonction

$$G_N(z) = \frac{F_N(z)}{z^M(z-\alpha)^M}$$

est entière, et on a

$$\gamma_N = M!(j_0\alpha - j_1\alpha)^M . G_N(j_0\alpha) .$$

Le principe du maximum, pour la fonction G_N , sur le disque $|z| \leqslant M^{2/3}$, donne

$$|G_N(j_0\alpha)| \leqslant |F_N|_R . \frac{1}{R^M} . \sup_{|z|=R} \frac{1}{|z-\alpha|^M} .$$

Or on a

$$|F_N|_R \leqslant (R_1+1)(R_2+1)e^N R^{R_1} e^{RR_2} \leqslant e^{2M} ,$$

d'où

$$|\gamma_N| \leqslant M!(1+|\alpha|)^M . e^{2M} . (\frac{2}{R^2})^M .$$

(On a majoré, pour $|z| = R$, $\frac{1}{|z-\alpha|}$ par $\frac{2}{R}$).

D'où finalement

$$\mathrm{Log}|\gamma_N| \leqslant \frac{7}{6} M \mathrm{Log}\, M - \frac{4}{3} M \mathrm{Log}\, M \leqslant - \frac{1}{6} M \mathrm{Log}\, M .$$

La taille de γ_N se calcule facilement : $\partial^{R_1+R_2}$ est un dénominateur de γ_N , et

$$|\overline{\gamma_N}| \leqslant (R_1+1)(R_2+1).e^N.(M+1).2^M.R_1^{R_1}.R_2^M.(1+|\overline{\alpha}|)^{R_1}(1+|\overline{e^{\alpha}}|)^{R_2} \leqslant R_2^M.e^{4M} \leqslant (\mathrm{Log}\, M)^{3M} ;$$

d'où

$$t(\gamma_N) \leqslant 3 M \mathrm{Log}(\mathrm{Log}\, M) ,$$

ce qui contredit la relation

$$-2 \delta t(\gamma_N) \leqslant \mathrm{Log}|\gamma_N| .$$

Le théorème de Hermite Lindemann est ainsi démontré.

§3.2 Deuxième démonstration du théorème de Gel'fond Schneider

La méthode que nous venons d'utiliser pour démontrer le théorème de Hermite Lindemann est inspirée par celle qu'a utilisée Gel'fond pour résoudre le septième problème de Hilbert.

On remarque que, si

$$a = e^{\ell} \ , \ b \ , \ a^b = e^{b\ell}$$

sont trois nombres algébriques, alors les deux fonctions

$$e^z \ , \ e^{bz}$$

sont algébriquement indépendantes (si $b \notin \mathbb{Q}$), prennent des valeurs dans le corps de nombres

$$K = \mathbb{Q}(a \, , b \, , a^b)$$

pour $z = j\ell$, $j \in \mathbb{Z}$, et vérifient des équations différentielles à coefficients dans K .

On construit alors un polynôme non nul

$$P_N \in \mathbb{Z}[X_1, X_2] \ ,$$

de degré inférieur ou égal à $N^{\frac{1}{2}}(\mathrm{Log}\, N)^{\frac{1}{2}}$ par rapport à X_1 et à X_2 , de taille inférieure ou égale à $3.[K:Q]^2.N$, tel que la fonction

$$F_N(z) = P_N(e^z \, , e^{bz})$$

vérifie

$$\frac{d^s}{dz^s} F_N(j\ell) = 0 \quad \text{pour} \quad j = 0,\ldots,[K:\mathbb{Q}]+1 \ , \text{ et } \ s = 0,\ldots,N-1 \ .$$

On note ensuite M le plus petit entier pour lequel il existe $j_0 \in \mathbb{Z}$,

$0 \leqslant j_o \leqslant [K:\mathbb{Q}]+1$, avec

$$\gamma_N = \frac{d^M}{dz^M} F_N(j_o \ell) \neq 0 .$$

Le principe du maximum (sur le disque $|z| \leqslant M^{\frac{1}{2}}$) permet de majorer $|\gamma_N|$ par

$$\mathrm{Log}|\gamma_N| \leqslant -\tfrac{1}{2}[K:\mathbb{Q}]\, M \,\mathrm{Log}\, M + M(\mathrm{Log}\, M)^{3/4} ;$$

la taille de γ_N vérifie

$$t(\gamma_N) \leqslant \tfrac{1}{2}\, M \,\mathrm{Log}\, M + M(\mathrm{Log}\, M)^{3/4} ;$$

de plus, le dénominateur de γ_N est majoré par

$$\mathrm{Log}\ d(\gamma_N) \leqslant M(\mathrm{Log}\ M)^{3/4} .$$

La relation (1.2.4)

$$-[K:\mathbb{Q}]\mathrm{Log}\ d(\gamma_N) - ([K:\mathbb{Q}]-1)\mathrm{Log}|\overline{\gamma_N}| \leqslant \mathrm{Log}|\gamma_N|$$

n'est pas vérifiée, ce qui apporte la contradiction attendue.

Le théorème 2.1.1 est donc de nouveau démontré.

§3.3 Valeurs algébriques de fonctions méromorphes satisfaisant des équations différentielles

Nous avons vu (2.2.1) que la méthode de Schneider permettait d'obtenir des propriétés arithmétiques des valeurs de fonctions entières algébriquement indépendantes.

Il en est de même de la méthode de Gel'fond, mais, de plus, on doit supposer que les fonctions considérées satisfont des équations différentielles ; en contrepartie, cette hypothèse supplémentaire permet d'obtenir un résultat plus fin.

Théorème 3.3.1. *Soit* K *un corps de nombres. Soient* $f_1,\ldots,f_h$ *des fonctions méromorphes. On suppose que les deux fonctions* f_1, f_2 *sont algébriquement indépendantes sur* $\mathbb{Q}$ *, et sont d'ordre inférieur ou égal à* ρ_1, ρ_2 *respectivement. On suppose également que la dérivation* $\frac{d}{dz}$ *opère sur l'anneau* $K[f_1,\ldots,f_h]$.

Alors l'ensemble des nombres complexes w *, qui ne sont pas pôles de* $f_1,\ldots,f_h$ *, et tels que*

$$f_j(w) \in K \quad \text{pour} \quad 1 \leqslant j \leqslant h ,$$

est fini, et a au plus

$$(\rho_1+\rho_2)[K:\mathbb{Q}]$$

éléments.

On déduit évidemment de cet énoncé le théorème 3.1.1 de Hermite Lindemann et le théorème 2.1.1 de Gel'fond Schneider.

Il y a une petite difficulté technique dans la démonstration du théorème 3.3.1. Jusqu'à présent, tous les calculs de la taille de nombres algébriques reposaient sur (1.2.5). Maintenant, l'intervention des équations différentielles complique un peu la situation. On résout ce problème dans le lemme suivant.

Lemme 3.3.2. Soient K un corps de nombres, et $f_1,\ldots,f_h$ des fonctions complexes. Il existe un entier $C > 0$ ayant les propriétés suivantes.

Soit $w \in \mathbb{C}$; on suppose que les fonctions $f_1,\ldots,f_h$ sont holomorphes au voisinage de w, que la dérivation $\frac{d}{dz}$ opère sur l'anneau $K[f_1,\ldots,f_h]$, et que

$$f_j(w) \in K \text{ pour } 1 \leqslant j \leqslant h .$$

Soit $P \in \mathbb{Z}[X_1,\ldots,X_h]$ un polynôme non nul de degré total r et de degré r_i par rapport à X_i. Soit $F = P(f_1,\ldots,f_h)$.

Alors on a, pour tout entier $k \geqslant 0$,

$$\frac{d^k}{dz^k} F(w) \in K ;$$

de plus,

$$C^k.d(f_1(w))^{Ck+r_1}\ldots d(f_h(w))^{Ck+r_h}$$

est un dénominateur de $\frac{d^k}{dz^k} F(w)$, et

$$s(\frac{d^k}{dz^k} F(w)) \leqslant t(P) + k \operatorname{Log} C(k+r) + \sum_{j=1}^{h} (r_j+C.k)s(f_j(w)) + \sum_{j=1}^{h} \operatorname{Log}(1+r_j).$$

On remarque que le cas $k = 0$ correspond à (1.2.5). On va effectuer la démonstration par récurrence sur k. Par hypothèse, les dérivées $\frac{d}{dz} f_1,\ldots,\frac{d}{dz} f_h$ peuvent s'exprimer comme des polynômes en $f_1,\ldots,f_h$; soit C_1 le maximum des degrés totaux de ces h polynômes, que l'on écrit sous la forme

$$\frac{d}{dz} f_j = \sum_{v_{j,1}+\ldots+v_{j,h}\leqslant C_1} u(v_{j,1},\ldots,v_{j,h})f_1^{v_{j,1}}\ldots f_h^{v_{j,h}} ,$$

avec

$$u(v_{j,\ell}) \in K , 1 \leqslant j \leqslant h , 1 \leqslant \ell \leqslant h .$$

Soit $P \in \mathbb{Z}[X_1,\ldots,X_h]$ un polynôme non nul de degré total r et de degré r_j par rapport à X_j :

$$P = \sum_{\lambda_1=0}^{r_1} \cdots \sum_{\lambda_h=0}^{r_h} p(\lambda_1,\ldots,\lambda_h)\, X_1^{\lambda_1}\cdots X_h^{\lambda_h} = \sum_{\lambda_1+\ldots+\lambda_h\leqslant r} p(\lambda_1,\ldots,\lambda_h)\, X_1^{\lambda_1}\cdots X_h^{\lambda_h}\ .$$

On calcule facilement la dérivée, en w, de la fonction

$$F = P(f_1,\ldots,f_h) = \sum_{(\lambda)} p(\lambda)\, f_1^{\lambda_1}\cdots f_h^{\lambda_h} :$$

$$\begin{aligned}\frac{d}{dz} F &= \sum_{(\lambda)} p(\lambda) \sum_{i=1}^{h} \lambda_i.\big(\prod_{j\neq i} f_j^{\lambda_j}\big).f_i^{\lambda_i-1}.\frac{d}{dz} f_i \\ &= \sum_{(\lambda)} \sum_{i=1}^{h} \sum_{v_{i,1}+\ldots+v_{i,h}\leqslant C_1} p(\lambda).\lambda_i.u(v_{i,j})\big(\prod_{j\neq i} f_j^{\lambda_j+v_{i,j}}\big) \times \\ &\qquad\qquad \times f_i^{\lambda_i+v_{i,i}-1}\ .\end{aligned}$$

Ecrivons cette expression sous la forme

$$\frac{d}{dz} F(z) = \sum_{(\mu)} q(\mu)\, f_1^{\mu_1}\cdots f_h^{\mu_h}\ ,$$

avec

$$\mu_1+\ldots+\mu_h \leqslant r + C_1 - 1$$

et

$$\mu_i \leqslant r_i + C_1\ ;$$

donc

$$q(\mu) = q(\mu_1,\ldots,\mu_h) = \sum p(\lambda).\lambda_i.u(v_{i,j}) \in K\ ,$$

où la somme est étendue à l'ensemble

$$\{(\lambda_1,\ldots,\lambda_h\, ,\, i\, ,\, v_{i,1},\ldots,v_{i,h}) \in \mathbb{Z}^{2h+1}\ ;\ \lambda_j + v_{i,j} = \mu_j \ \text{ pour }\ j \neq i\ ;$$
$$\lambda_i + v_{i,i} = \mu_i + 1\ ,\ 1 \leqslant i \leqslant h\ ,\ v_{i,1}+\ldots+v_{i,h} \leqslant C_1\ ,\ \lambda_1+\ldots+\lambda_h \leqslant r\}\ .$$

On a alors

$$\max_{(\mu)} |\overline{q(\mu)}| \leqslant \sum |p(\lambda)|.\lambda_i.|\overline{u(v_{i,j})}|$$

$$\leqslant \max_{(\lambda)} |p(\lambda)|.r. \max_{i,j,v_{i,j}} |\overline{u(v_{i,j})}|.(C_1+1)^h$$

$$\leqslant C_2 \, r \, e^{t(P)} ,$$

avec

$$C_2 = (C_1+1)^h . \max_{i,j,v_{i,j}} |\overline{u(v_{i,j})}| .$$

D'autre part, si C_3 est un dénominateur commun aux nombres

$$u(v_{i,1},\dots,v_{i,h}) , \; 1 \leqslant i \leqslant h ,$$

alors C_3 est un dénominateur de $q(\mu)$, et

$$C_3 . d(f_1(w))^{C_1+r_1} \dots d(f_h(w))^{C_1+r_h}$$

est un dénominateur de

$$\frac{d}{dz} F(w) .$$

Par récurrence, on constate que l'on peut écrire

$$\frac{d^k}{dz^k} F(w) = \sum_{(\mu_k)} q_k(\mu_k) \, f_1^{\mu_{k,1}} \dots f_h^{\mu_{k,h}} ,$$

avec

$$\sum_{j=1}^{h} \mu_{k,j} \leqslant r + k(C_1-1) ,$$

$$\mu_{k,j} \leqslant r_j + k\, C_1 \; , \; 1 \leqslant j \leqslant h ,$$

et

$$q_k(\mu_k) \in K ,$$

$$d(q_k(\mu_k)) \text{ divise } C_3^k ,$$

$$s(q_k(\mu_k)) \leqslant k \operatorname{Log} C_2 + t(P) + k \operatorname{Log}(r+kC_1-k) .$$

(On majore

$$\prod_{\ell=0}^{k-1} (r+\ell(C_1-1))$$

par

$$(r+kC_1-k)^k).$$

On déduit alors de (1.2.5) :

$$s(\frac{d^k}{dz^k} F(w)) \leqslant t(P) + \sum_{i=1}^{k} (r_i+kC_1)s(f_i(w))$$

$$+ \sum_{i=1}^{h} \operatorname{Log}(r_i+kC_1+1) + k \operatorname{Log} C_2(r+kC_1-k)$$

$$\leqslant t(P) + k \operatorname{Log} C_4(k+r) + \sum_{i=1}^{h} (r_i+kC_1)s(f_i(w))$$

$$+ \sum_{i=1}^{h} \operatorname{Log}(r_i+1)$$

dès que $$C_4 \geqslant C_1 C_2 e^{hC_1} .$$

On obtient le résultat annoncé en choisissant C multiple de C_3 , et $C \geqslant C_4$.

Remarquons que la constante C est indépendante de w . (Elle ne dépend d'ailleurs pas non plus du corps de nombres K , mais seulement des polynômes exprimant que la dérivation opère sur $K[f_1,\dots,f_h]$).

Nous sommes prêts, maintenant, à effectuer la <u>démonstration du théorème</u> 3.3.1.

Soient $w_1,\dots,w_m$ $(m \geqslant 2)$ des nombres complexes, non pôles de $f_1,\dots,f_h$, tels que

$$f_k(w_j) \in K \text{ pour } 1 \leqslant k \leqslant h \ , \ 1 \leqslant j \leqslant m .$$

Nous allons établir la majoration $m \leqslant (\rho_1+\rho_2)\delta$, avec $\delta = [K:\mathbb{Q}]$. Soit N

un entier suffisamment grand ; $C_1,\ldots,C_6$ désigneront des entiers indépendants de N (ces constantes sont facilement calculables en fonction des données de l'énoncé).

Montrons qu'<u>il existe un polynôme non nul</u>

$$P_N \in \mathbb{Z}[X_1,X_2] ,$$

<u>de degré inférieur ou égal à</u>

$$R_1(N) = [N^{\frac{\rho_2}{\rho_1+\rho_2}}.(\mathrm{Log}\ N)^{\frac{1}{2}}]$$

<u>et</u>

$$R_2(N) = [N^{\frac{\rho_1}{\rho_1+\rho_2}}(\mathrm{Log}\ N)^{\frac{1}{2}}]$$

<u>par rapport à</u> X_1 <u>et</u> X_2 <u>respectivement, et de taille inférieure ou égale à</u> $3\delta m\ N$, <u>tels que la fonction</u>

$$F_N = P_N(f_1,f_2)$$

<u>vérifie</u>

$$\frac{d^s}{dz^s} F_N(w_j) = 0 \quad \underline{\text{pour}} \quad s = 0,\ldots,N-1 \quad \underline{\text{et}} \quad j = 1,\ldots,m .$$

Notons ∂_k $(1 \leqslant k \leqslant h)$ un dénominateur commun des nombres

$$f_k(w_j) , (1 \leqslant j \leqslant m) .$$

On résout le système

$$C_1^N \partial_1^{R_1+C_1N}.\partial_2^{R_2+C_1N}.\frac{d^s}{dz^s} F_N(w_j) = 0 ,$$

c'est-à-dire

$$\sum_{\lambda=0}^{R_1} \sum_{\mu=0}^{R_2} p_N(\lambda,\mu).C_1^N.\partial_1^{R_1+C_1N}.\partial_2^{R_2+C_1N} \frac{d^s}{dz^s}(f_1(w)^\lambda f_2(w)^\mu{}_{w=w_j}=0.$$

D'après le lemme 3.3.2, on peut choisir $C_1 > 0$ tel que les coefficients de ce système soient entiers sur $\mathbb{Z}$, de taille majorée par

$$N \operatorname{Log} N + C_2 N \leqslant 2N \operatorname{Log} N .$$

On obtient $m.N$ équations à $(R_1+1)(R_2+1) \geqslant N \operatorname{Log} N$ inconnues ; le lemme 1.3.1 permet de trouver des entiers rationnels

$$p_{\lambda,\mu}(N) , \quad 0 \leqslant \lambda \leqslant R_1 , \quad 0 \leqslant \mu \leqslant R_2 ,$$

vérifiant

$$0 < \max_{\lambda,\mu} |p_{\lambda,\mu}(N)| \leqslant (2\sqrt{2}\, N^{2N+1} \operatorname{Log} N)^{\frac{\delta m N}{N(\operatorname{Log} N - \delta m)}} < e^{3\delta m N} ,$$

tels que la fonction

$$F_N = \sum_{\lambda=0}^{R_1} \sum_{\mu=0}^{R_2} p_{\lambda,\mu}(N)\, f_1^{\lambda_1} f_2^{\lambda_2}$$

vérifie

$$\frac{d^s}{dz^s} F_N(w_j) = 0 \quad \text{pour} \quad 0 \leqslant s \leqslant N-1 , \ 1 \leqslant j \leqslant m .$$

Les deux fonctions f_1, f_2 sont algébriquement indépendantes sur $\mathbb{Q}$, et le polynôme P_N est non nul. Donc, pour tout $z \in \mathbb{C}$ l'un des nombres

$$\frac{d^s}{dz^s} F_N(z) , \quad (s \geqslant 0 , s \in \mathbb{Z})$$

est non nul. Notons M le plus petit entier tel qu'il existe $j_0 \in \mathbb{Z}$, $1 \leqslant j_0 \leqslant m$, avec

$$\gamma_N = \frac{d^M}{dz^M} F_N(w_{j_0}) \neq 0 .$$

On a donc

$$\frac{d^s}{dz^s} F_N(w_j) = 0 \quad \text{pour} \quad 1 \leqslant j \leqslant m , \ 0 \leqslant s \leqslant M-1 .$$

Soient h_1, h_2 deux fonctions entières, d'ordre inférieur ou égal à ρ_1, ρ_2 respectivement, ne s'annulant pas en $w_1,\dots,w_m$, et telles que les fonctions h_1f_1 et h_2f_2 soient entières. Alors la fonction

$$h_1^{R_1} h_2^{R_2} F_N$$

est entière, et admet les zéros $w_1,\dots,w_m$, d'ordre au moins égal à M. Par conséquent la fonction

$$G_N(z) = h_1(z)^{R_1}.h_2(z)^{R_2}.F_N(z).\prod_{j=1}^{m} (z-w_j)^{-M}$$

est entière dans $\mathbb{C}$; on lui applique le principe du maximum sur le disque de rayon

$$M^{\frac{1}{\rho_1+\rho_2}},$$

et on utilise la relation

$$\gamma_N = M!\ G_N(w_{j_o})\ h_1(w_{j_o})^{-R_1}.h_2(w_{j_o})^{-R_2}.\prod_{j\neq j_o} (w_{j_o}-w_j)^M .$$

Donc

$$|\gamma_N| \leqslant M! \prod_{j\neq j_o} |w_{j_o}-w_j|^M . \sup_{|z|=R} \prod_{j=1}^{m} |z-w_j|^{-M} . |h_1(w_{j_o})|^{-R_1} . |h_2(w_{j_o})|^{-R_2} . |h_1^{R_1}h_2^{R_2}F_N|_R .$$

On majore $|h_1^{R_1}h_2^{R_2}F_N|_R$ par

$$(R_1+1)(R_2+1)\ e^{3\delta mN}.(|h_1f_1|_R+1)^{R_1}.(|h_2f_2|_R+1)^{R_2}$$

d'où

$$\mathrm{Log}|h_1^{R_1}h_2^{R_2}F_N|_R \leqslant c_3(R_1R^{\rho_1} + R_2R^{\rho_2}) \leqslant 2c_3\ M(\mathrm{Log}\ M)^{\frac{1}{2}} ,$$

grâce au choix de R, R_1 et R_2.

On majore ensuite

$$M! \text{ par } M^M ,$$

$$\prod_{j\neq j_o} |w_{j_o}-w_j|^M \quad \text{par} \quad c_4^M ,$$

et

$$\sup_{|z|=R} \prod_{j=1}^{m} |z-w_j|^{-M} \quad \text{par} \quad (\tfrac{R}{2})^{-m.M} = \frac{2^{mM}}{M^{\frac{mM}{\rho_1+\rho_2}}} .$$

D'où

$$\mathrm{Log}|\gamma_N| \leqslant M \,\mathrm{Log}\, M(1-\frac{m}{\rho_1+\rho_2}) + M(\mathrm{Log}\, M)^{3/4} .$$

La taille de γ_N se calcule facilement, grâce au lemme 3.3.2 :

$$s(\gamma_N) \leqslant t(P_N) + M\,\mathrm{Log}(M+N(\mathrm{Log}\, N)^{\frac{1}{2}}) + c_5 M \leqslant M \log M + M(\mathrm{Log}\, M)^{\frac{1}{2}} .$$

De plus, le dénominateur de γ_N est majoré par

$$\mathrm{Log}\, d(\gamma_N) \leqslant c_6 N \leqslant M(\mathrm{Log}\, M)^{\frac{1}{2}} .$$

L'inégalité (1.2.4) :

$$(\delta-1)\, s(\gamma_N) + \delta\, \mathrm{Log}\, d(\gamma_N) + \mathrm{Log}|\gamma_N| \geqslant 0$$

donne

$$(\frac{m}{\rho_1+\rho_2} - \delta)M\,\mathrm{Log}\, M \leqslant 2\, M(\mathrm{Log}\, M)^{3/4} ,$$

ce qui n'est possible, pour N suffisamment grand, que pour

$$m \leqslant \delta(\rho_1+\rho_2) .$$

<u>Remarque</u>. Supposons que la dérivation $\frac{d}{dz}$ opère sur <u>le corps</u> $K(f_1,\dots,f_h)$, au lieu de l'anneau $K[f_1,\dots,f_h]$, les autres hypothèses du théorème 3.3.1 n'étant pas modifiées. Alors il existe des fractions rationnelles

$$\frac{P_k}{Q_k} \in K(X_1,\dots,X_h) \quad , \quad 1 \leqslant k \leqslant h \ ,$$

telles que

$$\frac{d}{dz} f_k = \frac{P_k(f_1,\dots,f_h)}{Q_k(f_1,\dots,f_h)} .$$

Dans l'anneau factoriel $K[X_1,\dots,X_h]$, on peut supposer P_k et Q_k sans facteurs communs, et noter Q le p.p.c.m. de $Q_1,\dots,Q_h$. Soit

$$f_{h+1} = [Q(f_1,\dots,f_h)]^{-1} .$$

On constate alors que la dérivation opère sur <u>l'anneau</u> $K[f_1,\dots,f_{h+1}]$, et que, si w n'est pas pôle de $f_1,\dots,f_h$ et vérifie

$$f_k(w) \in K \quad \text{pour} \quad 1 \leqslant k \leqslant h \ ,$$

alors ou bien w est pôle de f_{h+1} , ou bien $f_{h+1}(w) \in K$ (chacun des deux cas peut se présenter ; considérer par exemple

$$f_1(z) = z \ , \ f_2(z) = z^2\,\wp(z) \ , \ f_3(z) = z^3\,\wp'(z) \ ,$$

avec $h = 3$ et $w = 0$).

Par conséquent, d'après le théorème 3.3.1, l'ensemble des nombres complexes w , qui ne sont pas pôles de $f_1,\dots,f_h$, <u>ni de</u> f_{h+1} , et tels que

$$f_j(w) \in K \quad \text{pour} \quad 1 \leqslant j \leqslant h \ ,$$

est fini et a au plus

$$(\rho_1+\rho_2)[K:\mathbb{Q}]$$

éléments.

§3.4 Références

La démonstration du §3.1 est essentiellement différente de celles de Hermite (qui obtint la transcendance de e en 1873) et de Lindemann (qui démontra, en 1882, la transcendance de π) ; ces démonstrations originales reposaient sur l'identité d'Hermite : si $P \in \mathbb{C}[X]$ est un polynôme de degré n, la fonction

$$F(x) = \sum_{k=0}^{n} \frac{d^k}{dz^k} P(x)$$

vérifie

$$e^x F(0) - F(x) = e^x \int_0^x e^{-t} P(t) dt .$$

On pourra trouver de plus amples renseignements sur la méthode de Hermite Lindemann (ainsi que ses développements, par Weierstrass, Siegel, Shidlovskii,...) dans les articles et ouvrages suivants : [Fel'dman et Shidlovskii, 1966] ; [Siegel,T] ; voir aussi [Ramachandra, 1968], [Lipman], [Mahler, 1969], et [Lang,T,chap.VII].

La démonstration présentée ici du théorème de Hermite Lindemann n'est pas la plus simple qu'on puisse donner ; mais elle présente la curiosité de n'utiliser la fonction auxiliaire F_N qu'en deux points, 0 et α.

La solution, par Gel'fond, du septième problème de Hilbert, date du 1 avril 1934 [Gel'fond, 1934]. Elle a été reprise et détaillée par [Hille, 1942] et [Siegel,T]

Le premier théorème général sur les valeurs de fonctions méromorphes algébriquement indépendantes, contenant des résultats de transcendance, est dû à Schneider [Schneider, 1948]. Deux variantes de ce premier théorème sont les théorèmes 12 et 13 de [Schneider,T.]. Ces résultats étaient très généraux, en particulier celui de 1948, qui pouvait s'appliquer aussi bien aux fonctions satisfaisant des équations différentielles (méthode de Gel'fond) qu'aux autres (méthode de Schneider) ; seulement leur énoncé n'était pas propice à une généralisation, par exemple pour les fonctions de plusieurs variables ; c'est Lang qui, en 1962, a trouvé les hypothèses convenables, ce qui lui a permis, l'année suivante, d'énoncer un résultat correspondant pour les fonctions de plusieurs variables [Lang,T.] ; voir à ce sujet [Bombieri, 1970].

Le lien entre ces résultats (par exemple le fait que le théorème 12 de [Schneider,T] conduise à la borne

$$m \leqslant (\max(\rho_1,\rho_2)+\tfrac{1}{2})(6[K:\mathbb{Q}]-1)$$

pour le théorème 3.3.1) est expliqué dans [Lipman].

On peut remarquer que la borne

$$(\rho_1+\rho_2)[K:\mathbb{Q}]$$

du théorème 3.3.1 est la meilleure possible quand $K=\mathbb{Q}$ (considérer les deux fonctions

$$z \quad \text{et} \quad \exp(z(z-1)\ldots(z-k+1))\ ).$$

EXERCICES

Exercice 3.1.a. Soit $M \in M_n(\overline{\mathbb{Q}})$ une matrice qui n'est pas nilpotente.

1) Montrer que, pour tout $\alpha \in \overline{\mathbb{Q}}$, $\alpha \neq 0$, la matrice

$$\exp(M\alpha)$$

n'appartient pas à $GL_n(\overline{\mathbb{Q}})$.

2) On suppose qu'il existe $u \in \mathbb{C}$, $u \neq 0$ tel que

$$\exp(Mu) \in GL_n(\overline{\mathbb{Q}}) .$$

Montrer que le sous $\mathbb{Q}$-espace vectoriel de $\mathbb{C}$ engendré par les valeurs propres de M a pour dimension 1, et que M est diagonalisable.

(Utiliser le théorème de Hermite Lindemann ou celui de Gel'fond Schneider, suivant que M est diagonalisable ou non).

Exercice 3.3.a. Soit f une fonction méromorphe transcendante, d'ordre fini, vérifiant une équation différentielle du type

$$f^{(m)}(z) = P(z, f(z), \dots, f^{(m-1)}(z)) ,$$

où $P \in \mathbb{Q}[X_1, \dots, X_m]$. Montrer que l'ensemble des $z \in \mathbb{Q}$ tels que $f(z) \in \mathbb{Q}$ est fini.

Exercice 3.3.b. Avec les notations de l'exercice 2.2.b, le théorème de Hermite Lindemann s'énonce

$$\delta(z , e^z) = 0 ,$$

et le théorème de Gel'fond Schneider s'écrit

$$\delta(e^z , e^{bz}) = 0$$

pour $b \in \overline{\mathbb{Q}}$, $b \notin \mathbb{Q}$.

Soient α, β deux nombres algébriques, $(\alpha,\beta) \neq (0,0)$, et $\wp_1$, $\wp_2$ deux fonctions elliptiques de Weierstrass, d'invariants $g_2^{(1)}$, $g_3^{(1)}$ et $g_2^{(2)}$, $g_3^{(2)}$ algébriques. Soit ζ_1 la fonction zêta associée à $\wp_1$. Vérifier, en utilisant le théorème 3.3.1, les majorations suivantes

$$\delta(e^{\beta z} , \wp_1(z)) = 0 \qquad \text{si } \beta \neq 0 ;$$

$$\delta(\wp_1(z) , \alpha z + \beta\zeta_1(z)) = 0 ;$$

$$\delta(\wp_1(z) , \wp_2(\beta z)) = 0 , \text{ si les deux fonctions}$$

$$\wp_1(z) , \wp_2(\beta z)$$

sont algébriquement indépendantes.

[Schneider, T., chap.II §4].

Exercice 3.3.c

1) Soient a et b deux nombres réels algébriques, $0 < b < a$; soient ξ_1, η_1, ξ, η des nombres réels algébriques ; on suppose que les points (ξ_1, η_1) et (ξ, η) de $\mathbb{R}^2$ appartiennent à l'ellipse

$$\frac{\xi^2}{a^2} + \frac{\eta^2}{b^2} = 1 .$$

Montrer que la longueur de l'arc

$$s(\xi, \xi_1) = \int_{\xi_1}^{\xi} \sqrt{\frac{a^2 - \varepsilon \xi^2}{a^2 - \xi^2}}\, d\xi ,$$

(où $\varepsilon^2 = 1 - \frac{b^2}{a^2}$) est un nombre transcendant ou nul.

2) Soient $a > 0$ un nombre réel, et $(\xi_1, \eta_1), (\xi, \eta)$ deux points de la lemmiscate

$$(\xi^2 + \eta^2)^2 = 2a^2(\xi^2 - \eta^2) ;$$

montrer que, si a, ξ, ξ_1 sont algébriques, la longueur de l'arc

$$s(\xi, \xi_1) = \int_{t_1}^{t} \frac{a\sqrt{2}\, d\tau}{1 - \tau^4}$$

(où $t^2 = \frac{\xi^2 - \eta^2}{\xi^2 + \eta^2}$) est un nombre transcendant ou nul.

En déduire la transcendance du nombre

$$\pi^{-\frac{1}{4}}\, \Gamma(\tfrac{1}{4}) ,$$

où Γ désigne la fonction gamma.

3) Montrer que le nombre

$$\int_{-1}^{+1} \frac{dx}{\sqrt{1 - x^6}}$$

est transcendant [Siegel, 1931] et [Siegel, T].

Exercice 3.3.d. Soient K un corps de nombres, d , h et δ trois entiers, $\delta \geq 1$, $h \geq d \geq 2$, et $f_1,\ldots,f_h$ des fonctions méromorphes. On suppose que la dérivation $\frac{d}{dz}$ opère sur le corps $K(f_1,\ldots,f_h)$, et que les fonctions $f_1,\ldots,f_d$ sont algébriquement indépendantes sur $\mathbb{Q}$, d'ordre inférieur ou égal à $\rho_1,\ldots,\rho_d$ respectivement.

Montrer que l'ensemble des nombres complexes w , non pôles de $f_1,\ldots,f_h$, et tels que

$$f_i(w) \in \overline{\mathbb{Q}} \quad , \quad 1 \leq i \leq h \ ,$$

avec

$$[K(f_1(w),\ldots,f_h(w)) : \mathbb{Q}] \leq \delta \ ,$$

est fini, et a au plus

$$\frac{\rho_1+\ldots+\rho_d}{d-1}.\delta$$

éléments.

(Indications. Se ramener au cas

$$\max_{1\leq i\leq d} \rho_i \leq \frac{\rho_1+\ldots+\rho_d}{d-1} \ ,$$

en s'inspirant de 2.2.5.

Utiliser ensuite l'exercice 1.3.b pour construire, pour N suffisamment grand, un polynôme non nul

$$P_N \in \mathbb{Z}[X_1,\ldots,X_d] \ ,$$

de degré inférieur ou égal à

$$N^{1-\frac{(d-1)\rho_i}{\rho_1+\ldots+\rho_d}}.(\operatorname{Log} N)^{\frac{1}{d}}$$

par rapport à X_i $(1 \leqslant i \leqslant d)$, et de taille inférieure ou égale à N , tel que la fonction

$$F_N = P_N(f_1,\dots,f_d)$$

vérifie

$$\frac{d^s}{dz^s} F_N(w_j) = 0 \quad \text{pour} \quad j = 1,\dots,m \text{ , et } \quad s = 0,\dots,N-1 \text{ .}$$

Continuer ensuite comme dans la démonstration de 3.3.1 ; on utilisera le principe du maximum sur un disque de rayon

$$M^{\frac{d-1}{\rho_1+\dots+\rho_d}}\text{).}$$

Montrer que si K n'est pas un sous-corps de $\mathbb{R}$, l'ensemble des w a au plus

$$\frac{\rho_1+\dots+\rho_d}{d-1}\cdot\frac{\delta}{2}$$

éléments.

(En utilisant la conjugaison complexe, on remplacera (1.2.4) par

$$-n \operatorname{Log} d(\alpha) -(n-2) \operatorname{Log}|\overline{\alpha}| \leqslant 2 \operatorname{Log}|\alpha|$$

quand $\alpha \notin \mathbb{R}$).

Exercice 3.3.e. Une dérivation D sur un anneau A est une application de A dans A satisfaisant

$$D(x+y) = Dx + Dy \quad \text{et} \quad D(xy) = x\,Dy + y\,Dx$$

pour tout $(x,y) \in A \times A$.

1) Montrer qu'on peut remplacer, dans l'énoncé du lemme 3.3.2, la dérivation $\frac{d}{dz}$ par une dérivation quelconque D sur l'anneau $K[f_1,\dots,f_h]$.

2) On remplace, dans les hypothèses du théorème 3.3.1 (resp. de l'exercice 3.3.d), la condition :

"la dérivation $\frac{d}{dz}$ opère sur l'anneau $K[f_1,\dots,f_h]$"

par :

"il existe une dérivation D sur l'anneau $L = K[f_1,\dots,f_h]$, qui possède les deux propriétés suivantes :

a) pour tout $w \in \mathbb{C}$ et $g \in L$, si w n'est pas pôle de g, alors w n'est pas pôle de Dg (on note alors $Dg_{|w}$ la valeur de Dg en w), et, pour tout entier $k > 0$, on a

$$D^h g_{|w} = 0 \quad \text{pour} \quad 0 \leqslant h \leqslant k \Longrightarrow \frac{d^h}{dz^h} g(w) = 0 \quad \text{pour} \quad 0 \leqslant h \leqslant k .$$

b) Il existe un prolongement de D à l'anneau $L[z]$ tel que

$$\operatorname{Log} D^k(z^k)\big|_{z=0} \leqslant c\, k \operatorname{Log} k \quad \text{pour} \quad k \to +\infty ,$$

où C est un entier positif indépendant de k".

Montrer que la conclusion devient

$$m \leqslant (\rho_1+\rho_2)(\delta+c-1)$$

(resp.

$$m \leq \frac{\rho_1+\ldots+\rho_d}{d-1}(\delta+c-1)\ ).$$

3) Donner des exemples de dérivations D possédant les propriétés a) et b) précédentes (considérer, par exemple, les dérivations

$$g(z).\frac{d}{dz},$$

où g est une fonction entière).

Exercice 3.3.f. Soit K un corps de nombres ; soient $f_1,\dots,f_h$ des fonctions holomorphes au voisinage d'un point $w \in \mathbb{C}$; soit D une dérivation sur l'anneau

$$K[f_1,\dots,f_h] .$$

On suppose que la dérivation D opère sur le K-espace vectoriel

$$K + Kf_1 +\dots+ Kf_h ,$$

c'est-à-dire qu'il existe des éléments

$$u_{i,j} , \quad (0 \leqslant i \leqslant h , 1 \leqslant j \leqslant h)$$

de K, vérifiant

$$Df_j = u_{o,j} + u_{1,j}f_1 +\dots+ u_{h,j}f_h , \quad (1 \leqslant j \leqslant h).$$

Soit ∂ un dénominateur des nombres

$$u_{i,j} \quad (0 \leqslant i \leqslant h , 1 \leqslant j \leqslant h) ,$$

et soit

$$U = \text{Log} \max_{i,j} |\overline{u_{i,j}}| .$$

Soit $P \in K[X_1,\dots,X_h]$ un polynôme de degré total r ; on note $|\overline{P}|$ le maximum des valeurs absolues des conjugués des coefficients de P, et $d(P)$ le plus petit commun multiple des dénominateurs des coefficients de P (ainsi les coefficients du polynôme $d(P).P$ sont des entiers de K sur $\mathbb{Z}$).

Soit $F = P(f_1,\dots,f_h)$.

1) Montrer que pour tout entier $k > 0$, on a

$$D^k F(w) \in K ;$$

montrer que

$$d(P).\partial^k.(d(f_1(w))\dots d(f_h(w)))^r$$

est un dénominateur de $D^kF(w)$, et que

$$\text{Log}\,\left|\overline{D^kF(w)}\right| \leqslant \text{Log}\,|\overline{P}| + r(\max_{1\leqslant j\leqslant h} s(f_j(w)) + \text{Log}(h+1)) + k(\text{Log}(r+1) + \text{Log}(h+1) + U).$$

(Voir à ce sujet [Adams, 1964, p. 283] et [Waldschmidt, 1972 a, lemme 3.1]).

2) Applications :

a) Sous les hypothèses du théorème 3.3.1, on suppose que la dérivation $\frac{d}{dz}$ opère sur le K-espace vectoriel $K + K.f_1 + \dots + K.f_h$.

Montrer que l'ensemble des $w \in \mathbb{C}$ tels que

$$f_i(w) \in K \quad \text{pour} \quad 1 \leqslant i \leqslant h$$

a au plus

$$\delta\rho_2 + \rho_1$$

éléments, si $\rho_2 \geqslant \rho_1$ et $\delta = [K:\mathbb{Q}]$.

(Indications. La démonstration est identique à celle du théorème 3.3.1, à l'exception de la majoration de $s(\gamma_N)$ qui devient

$$s(\gamma_N) \leqslant \frac{\rho_2}{\rho_1+\rho_2} M \,\text{Log}\, M + M(\text{Log}\, M)^{\frac{1}{2}}.$$

Comparer avec la démonstration du §3.2).

b) Avec les notations de l'exercice 3.3.d, on suppose que $\frac{d}{dz}$ opère sur $K + Kf_1 + \dots + Kf_h$; montrer que l'ensemble des w a au plus

$$\delta.\frac{\rho_1+\dots+\rho_d}{d-1} - (\delta-1).\min_{1\leqslant i\leqslant d} \rho_i$$

éléments.

Exercice 3.3.g

1) Soit f une fonction entière d'ordre inférieur ou égal à ρ $(\rho > 0)$. En utilisant les inégalités de Cauchy sur un disque de rayon $(\frac{n}{\rho})^{1/\rho}$, montrer que, pour tout $w \in \mathbb{C}$, on a

$$\mathrm{Log}\left|\frac{1}{n!}\,\frac{d^n}{dz^n}\,f(w)\right| + \frac{n}{\rho}\,\mathrm{Log}\,n \ll n \quad \text{pour} \quad n \to +\infty \;(\text{cf. [Rudin]}).$$

En déduire

$$\max_{0 \leqslant \lambda \leqslant n} \mathrm{Log}\left|\frac{d^n}{dz^n}\,f^{\lambda}(w)\right| \ll n\,\mathrm{Log}\,n \quad \text{pour} \quad n \to +\infty\,.$$

2) Soient $f_1,\dots,f_d$ des fonctions entières d'ordre fini. Vérifier que, pour tout $w \in \mathbb{C}$, on a

$$\max_{0 \leqslant \lambda_1,\dots,\lambda_d \leqslant n} \mathrm{Log}\left|\frac{d^n}{dz^n}\,f_1^{\lambda_1}\cdots f_d^{\lambda_d}(w)\right| \ll n\,\mathrm{Log}\,n \quad \text{pour} \quad n \to +\infty\,.$$

3) Soient $f_1,\dots,f_d$ des fonctions entières, algébriquement indépendantes sur $\mathbb{Q}$, d'ordre inférieur ou égal à $\rho_1,\dots,\rho_d$ respectivement. Soient $k_1,\dots,k_m$ des entiers rationnels, deux à deux distincts, tels que

$$\frac{d^n}{dz^n}\,f_i(k_j) \in \mathbb{Z} \quad \text{pour tout} \quad (n,i,j) \in \mathbb{N}^3 \;,\quad 1 \leqslant i \leqslant u \;,\; 1 \leqslant j \leqslant m\,.$$

Montrer que

$$(d-1)m \leqslant \rho_1+\dots+\rho_d$$

(Reprendre la démonstration de l'exercice 3.3.c)

4) En déduire que, si f est une fonction entière transcendante d'ordre $\leqslant \rho$, et si $m \in \mathbb{N}$ est tel que

$$\frac{d^n}{dz^n}\,f(j) \in \mathbb{Z} \quad \text{pour tout} \quad (n,j) \in \mathbb{N}^2 \;,\quad 1 \leqslant j \leqslant m\,,$$

alors

$$m \leqslant \rho .$$

(On peut arriver au même résultat par une méthode entièrement différente [Straus, 1949, théorème 1] ; d'autre part, pour tout réel $w > 0$, on peut construire une fonction entière transcendante g, admettant w pour période, et telle que

$$\frac{d^n}{dz^n} g(0) \in \mathbb{Z} \quad \text{pour tout} \quad n \in \mathbb{N} ;$$

cf. [Mahler, 1971] ; par conséquent, si on choisit pour w un nombre rationnel, une telle fonction g n'est pas d'ordre fini).

CHAPITRE 4

Type de transcendance

Dans les deux méthodes de transcendance étudiées précédemment, la conclusion s'obtenait toujours en utilisant, pour un corps de nombres, l'inégalité fondamentale (1.2.3) :

$$-2[K:\mathbb{Q}].s(\alpha) \leqslant \operatorname{Log}|\alpha| ,$$

pour tout $\alpha \in K$, $\alpha \neq 0$.

Pour obtenir des résultats d'indépendance algébrique, nous considérerons des extensions de $\mathbb{Q}$ de type fini, et nous supposerons qu'elles vérifient une inégalité du même genre.

§4.1 Définition du type de transcendance, et énoncé d'un premier résultat

Rappelons que, si $P \in \mathbb{Z}[X_1,\ldots,X_q]$ est un polynôme non nul de degré

$$\deg_{X_i} P = r_i$$

par rapport à X_i $(1 \leqslant i \leqslant q)$, et de hauteur $H(P)$ (la hauteur de P est le maximum des valeurs absolues des coefficients de P), on définit la taille de P par

$$t(P) = \max\{\operatorname{Log} H(P) \; ; \; 1+r_1,\ldots,1+r_q\}$$

(voir §1.2).

Soient K un sous-corps de $\mathbb{C}$, et $\tau \geqslant 1$ un nombre réel. On dit que K a un type de transcendance inférieur ou égal à τ sur $\mathbb{Q}$ si K a un degré de transcendance sur $\mathbb{Q}$ fini, et s'il existe une base de transcendance $(x_1,\dots,x_q)$ de K sur $\mathbb{Q}$ telle que, pour tout $\alpha \in \mathbb{Z}[x_1,\dots,x_q]$, $\alpha \neq 0$, on ait

$$(4.1.1) \qquad - (t(\alpha))^{\tau} \ll \mathrm{Log}|\alpha| .$$

(La constante $\ll$ dépend de $K, x_1,\dots,x_q, \tau$, mais non de α).

Si K a un type de transcendance inférieur ou égal à τ sur $\mathbb{Q}$ et un degré de transcendance q sur $\mathbb{Q}$, alors on a

$$\tau \geqslant q+1 .$$

Ceci se voit en utilisant le principe des tiroirs de Dirichlet (voir exercice 1.3.f).

Si τ est un nombre réel, $1 \leqslant \tau < 2$, alors un corps K a un type de transcendance sur $\mathbb{Q}$ inférieur ou égal à τ si et seulement si K est une extension algébrique de $\mathbb{Q}$.

Nous démontrerons, pour commencer, un premier résultat d'indépendance algébrique concernant les valeurs de la fonction exponentielle, en utilisant une extension de la méthode de Schneider.

<u>Théorème</u> 4.1.2. <u>Soient</u> $\tau > 1$ <u>un nombre réel et</u> K <u>un sous-corps de</u> $\mathbb{C}$, <u>de type de transcendance inférieur ou égal à</u> τ <u>sur</u> $\mathbb{Q}$. <u>Soient</u> $u_1,\dots,u_n$ (<u>resp.</u> $v_1,\dots,v_m$) <u>des nombres complexes</u> $\mathbb{Q}$-<u>linéairement indépendants.</u>

<u>Si</u>

$$mn \geqslant \tau(m+n) ,$$

<u>alors l'un au moins des nombres</u>

$$\exp(u_i v_j) \qquad (1 \leqslant i \leqslant n , 1 \leqslant j \leqslant m)$$

<u>est transcendant sur</u> K .

Quand K est le corps $\mathbb{Q}$ des nombres rationnels (ou le corps $\overline{\mathbb{Q}}$ des nombres algébriques), l'hypothèse

il existe $\tau > 1$ tel que $mn \geq \tau(m+n)$

s'écrit simplement

$$mn > m+n ,$$

c'est-à-dire $(m \geq 3 , n \geq 2)$, (ou $m \geq 2 , n \geq 3$) (on peut choisir par exemple $\tau = \frac{6}{5}$) ; on obtient alors (2.2.3) comme corollaire.

La démonstration du théorème 4.1.2 est particulièrement facile dans le cas où on ne considère que des extensions transcendantes pures $\mathbb{Q}(x_1,\dots,x_q)$ de $\mathbb{Q}$, où $x_1,\dots,x_q$ vérifient 4.1.1 (voir par exemple [Lang, T., chap.V §1] pour le cas $q = 1$).

Pour démontrer le cas général, il est utile de définir une fonction taille pour des extensions de $\mathbb{Q}$ de type fini. Pour étudier les propriétés de cette taille, nous établirons quelques lemmes auxiliaires qui seront utiles dans les chapitres suivants.

§4.2 Taille sur une extension de $\mathbb{Q}$ de type fini

Soit K une extension de $\mathbb{Q}$ de type fini ; soit $q \geqslant 0$ le degré de transcendance de K sur $\mathbb{Q}$. Soit $(x_1,\dots,x_q)$ une base de transcendance de K sur $\mathbb{Q}$. D'après le théorème de l'élément primitif, il existe $y_1 \in K$ tel que $K = \mathbb{Q}(x_1,\dots,x_q,y_1)$. Le nombre y_1 est algébrique sur $\mathbb{Q}(x_1,\dots,x_q)$; il est donc racine d'un polynôme P irréductible (mais pas forcément unitaire) sur $\mathbb{Z}[x_1,\dots,x_q]$. Soit $\eta \in \mathbb{Z}[x_1,\dots,x_q]$ le coefficient du terme de plus haut degré de P ; alors $y = \eta.y_1$ est entier sur $\mathbb{Z}[x_1,\dots,x_q]$ c'est-à-dire racine d'un polynôme unitaire irréductible à coefficients dans $\mathbb{Z}[x_1,\dots,x_q]$, et on a $K = \mathbb{Q}(x_1,\dots,x_q,y)$.

On voit ainsi que l'anneau $\mathbb{Z}[x_1,\dots,x_q]$ joue par rapport à K le rôle de l'anneau des entiers rationnels par rapport à un corps de nombres (mais $\mathbb{Z}[x_1,\dots,x_q]$ ne se définit pas de façon intrinsèque).

On introduit la définition suivante :

(4.2.1) Systèmes générateurs. Soit K un sous-corps de $\mathbb{C}$ de type fini sur $\mathbb{Q}$. Nous dirons que des éléments $x_1,\dots,x_q,y$ forment un système générateur de K sur $\mathbb{Q}$ si

1) $K = \mathbb{Q}(x_1,\dots,x_q,y)$;

2) $x_1,\dots,x_q$ sont algébriquement indépendants sur $\mathbb{Q}$;

3) y est entier sur $\mathbb{Z}[x_1,\dots,x_q]$.

Alors un élément a de K s'écrit de manière unique (à des facteurs ± 1 près) sous la forme

(4.2.2) $$a = \sum_{i=1}^{\delta} \frac{Q_i}{R_i} y^{i-1} ,$$

où $\delta = [K : \mathbb{Q}(x_1,\dots,x_q)]$ est le degré de y sur $\mathbb{Z}[x_1,\dots,x_q]$, et, pour tout

$i = 1,\dots,\delta$, Q_i et R_i sont deux éléments de $\mathbb{Z}[x_1,\dots,x_q]$ sans facteurs communs. (L'anneau $\mathbb{Z}[x_1,\dots,x_q]$ est, rappelons le, factoriel [Lang, A., chap.V §6]). On appelle <u>dénominateur de</u> a (par rapport au système générateur $(x_1,\dots,x_q,y)$) le plus petit commun multiple de $R_1,\dots,R_\delta$, dans $\mathbb{Z}[x_1,\dots,x_q]$.

Nous pouvons maintenant définir la taille sur une extension K de $\mathbb{Q}$ de type fini. Soit $x_1,\dots,x_q,y$ un système générateur de K sur $\mathbb{Q}$. Soit $a \in K$, et soit P le dénominateur de a (relatif au système générateur $x_1,\dots,x_q,y$). Alors $Pa \in \mathbb{Z}[x_1,\dots,x_q,y]$ s'écrit

$$P.a = \sum_{i=1}^{\delta} P_i \, y^{i-1} \, ,$$

où $P_i \in \mathbb{Z}[x_1,\dots,x_q]$ $(1 \leqslant i \leqslant \delta)$.

(Avec les notations (4.2.2), on a $P_i = (\frac{P}{R_i}).Q_i$). On définit <u>la taille de</u> a (relative au système générateur $x_1,\dots,x_q,y$) par

$$t(a) = \max\{t(P) \, ; \, t(P_1);\dots;t(P_\delta)\} \, .$$

Si K est un corps de nombres, un système générateur est formé par un élément $y \in K$, entier sur $\mathbb{Z}$, tel que $K = \mathbb{Q}(y)$; on a défini deux applications de $K^* = K - \{0\}$ dans l'ensemble $\mathbb{R}_+$ des nombres réels $x \geqslant 0$: la fonction s ("size", introduite au §1.2), et la fonction t (taille par rapport au système générateur y).

On voit facilement qu'il existe deux constantes c_1 , c_2 , ne dépendant que de y , telles que, pour tout $a \in K$, $a \neq 0$, on ait

(4.2.3) $$s(a) - c_1 \leqslant t(a) \leqslant 2\, s(a) + c_2$$ (cf. exercice 4.2.a).

La relation 1.2.3 montre qu'il existe une constante $c_K > 0$ telle que

(4.2.4) $$-c_K \, t(\alpha) \leqslant \mathrm{Log}|\alpha| \quad \text{pour tout } \alpha \in K \, , \; \alpha \neq 0 \, .$$

Nous allons généraliser cette relation aux extensions de $\mathbb{Q}$ de type fini et de type de transcendance inférieur ou égal à τ sur $\mathbb{Q}$. Nous montrerons que, si K a un type de transcendance inférieur ou égal à τ sur $\mathbb{Q}$, et si L est un sous-corps de K de type fini sur $\mathbb{Q}$, alors il existe une constante $C_L > 0$ (ne dépendant que d'un système générateur de L sur $\mathbb{Q}$, permettant de définir une taille t_L sur L), telle que

$$-C_L(t_L(a))^\tau \leqslant \mathrm{Log}|a| \quad \text{pour tout} \quad a \in L\ ,\ a \neq 0\ .$$

On en déduit que K a un type de transcendance inférieur ou égal à τ par rapport à toute base de transcendance, et que tout sous-corps de K a un type de transcendance inférieur ou égal à τ.

Nous commençons par le

Lemme (4.2.5). *Soit K une extension de $\mathbb{Q}$ de type fini. Soit $(x_1,\dots,x_q,y)$ un système générateur de K sur $\mathbb{Q}$.*

1. *Si $\alpha_1,\dots,\alpha_m$ sont des éléments de $\mathbb{Z}[x_1,\dots,x_q,y]$, alors*

$$t(\alpha_1+\dots+\alpha_m) \leqslant \max_{1\leqslant i\leqslant m} t(\alpha_i) + \mathrm{Log}\, m\ . \tag{4.2.6}$$

2. *Il existe une constante $C > 0$, ne dépendant que de $x_1,\dots,x_q,y$, telle que, pour tout $(a_1,\dots,a_m) \in K^m$, on ait*

$$t(a_1+\dots+a_m) \leqslant C(t(a_1)+\dots+t(a_m)) \tag{4.2.7}$$

$$t(a_1\dots a_m) \leqslant C(t(a_1)+\dots+t(a_m)) \tag{4.2.8}$$

3. *Si $\alpha \in \mathbb{Z}[x_1,\dots,x_q,y]$ et $\beta \in \mathbb{Z}[x_1,\dots,x_q]$, $\beta \neq 0$, on a*

$$t\left(\frac{\alpha}{\beta}\right) \leqslant C \max(t(\alpha),t(\beta))\ . \tag{4.2.9}$$

(Comme au §1.2, on laisse le soin au lecteur d'étudier ce qui se passe lorsque certains des nombres concernés s'annulent).

Démonstration du lemme(4.2.5)

1. Soient $\alpha_1,\dots,\alpha_m$ des éléments de $\mathbb{Z}[x_1,\dots,x_q,y]$. Il existe des polynômes

$$P_{j,i} \in \mathbb{Z}[x_1,\dots,x_q]$$

tels que

$$\alpha_j = \sum_{i=1}^{\delta} P_{j,i}\, y^{i-1} \quad , 1 \leqslant j \leqslant m .$$

On a

$$\sum_{j=1}^{m} \alpha_j = \sum_{i=1}^{\delta}\Big(\sum_{j=1}^{m} P_{j,i}\Big)y^{i-1} ,$$

donc

$$t\Big(\sum_{j=1}^{m} \alpha_j\Big) = \max_{1\leqslant i\leqslant \delta} t\Big(\sum_{j=1}^{m} P_{j,i}\Big) .$$

Or, trivialement, on a

$$H\Big(\sum_{j=1}^{m} P_{j,i}\Big) \leqslant m.\sup_{1\leqslant j\leqslant m} H(P_{j,i}) ,$$

et

$$\deg_{x_h}\Big(\sum_{j=1}^{m} P_{j,i}\Big) \leqslant \sup_{1\leqslant j\leqslant m} \deg_{x_h}(P_{j,i}) .$$

On en déduit très facilement (4.2.6).

2. Remarquons déjà que, si P_1 , P_2 sont des éléments de $\mathbb{C}[x_1,\dots,x_q]$, on a

$$(4.2.10) \qquad H(P_1.P_2) \leqslant H(P_1).H(P_2).\prod_{\ell=1}^{q} (1+\deg_{x_\ell} P_1) ,$$

donc, par récurrence, si $P_1,\dots,P_m$ sont des éléments non nuls de $\mathbb{C}[x_1,\dots,x_q]$,

$$(4.2.11) \qquad H(P_1\dots P_m) \leqslant \prod_{i=1}^{m} H(P_i) . \prod_{\ell=1}^{q} \prod_{j=1}^{m-1} (1+\deg_{x_\ell} P_j) .$$

Considérons maintenant deux éléments a_1, a_2 de $\mathbb{Q}[x_1,\dots,x_q,y]$. On peut écrire

$$a_1 = \sum_{i=1}^{\delta} P_i\, y^{i-1},$$

et

$$a_2 = \sum_{j=1}^{\delta} Q_j\, y^{j-1},$$

où P_i et Q_j $(1 \leqslant i,j \leqslant \delta)$ appartiennent à $\mathbb{Q}[x_1,\dots,x_q]$. Le produit a_1a_2 appartient à $\mathbb{Q}[x_1,\dots,x_q,y]$; il s'écrit donc sous la forme

$$a_1a_2 = \sum_{k=1}^{\delta} R_k\, y^{k-1}.$$

Pour expliciter $R_1,\dots,R_\delta$, soient $\pi_{u,\ell} \in \mathbb{Z}[x_1,\dots,x_q]$ $(u \geqslant 0$, $\ell = 1,\dots,\delta)$ tels que

$$y^{\delta+u} = \sum_{\ell=1}^{\delta} \pi_{u,\ell}\, y^{\ell-1}.$$

Alors

$$\begin{aligned} a_1 . a_2 &= \sum_{i=1}^{\delta} \sum_{j=1}^{\delta} P_i\, Q_j\, y^{i+j-2} \\ &= \sum_{k=1}^{2\delta-1} \sum_{i+j=k+1} P_i\, Q_j\, y^{k-1} \\ &= \sum_{k=1}^{\delta} \sum_{i+j=k+1} P_i\, Q_j\, y^{k-1} + \sum_{u=0}^{\delta-2} \sum_{i+j=\delta+u+2} P_i\, Q_j\, y^{\delta+u}. \end{aligned}$$

Donc

$$R_k = \sum_{i+j=k+1} P_i\, Q_j + \sum_{u=0}^{\delta-2} \sum_{i+j=\delta+u+2} P_i\, Q_j\, \pi_{u,k},$$

pour tout entier $k = 1,\dots,\delta$.

On déduit de (4.2.6) et (4.2.11)

$$t(a_1 . a_2) = \max_{1\leqslant k\leqslant\delta} t(R_k) \leqslant t(a_1) + t(a_2) + \sum_{\ell=1}^{q} \mathrm{Log}(1 + \max_{1\leqslant i\leqslant\delta} (\deg_{x_\ell} P_i)) + c_1$$

où c_1 se calcule facilement en fonction de δ et $t(\pi_{u,k})$ $(0 \leqslant u \leqslant \delta-2, 1 \leqslant k \leqslant \delta)$.

Par récurrence, on obtient

$$t(a_1 \dots a_m) \leqslant (q+1) \sum_{i=1}^{m} t(a_i) + c_2 , \tag{4.2.12}$$

si $a_1, \dots, a_m$ sont des éléments de $\mathbb{Q}[x_1, \dots, x_q, y]$, et $c_2 = c_1(q+1)$.

Enfin, si $a_1, \dots, a_m$ sont des éléments de K , notons P_i le dénominateur de a_i , et $\alpha_i = a_i P_i$ $(1 \leqslant i \leqslant m)$.

On a

$$\sum_{i=1}^{m} a_i = \frac{\sum_{i=1}^{m} \alpha_i \prod_{j \neq i} P_j}{\prod_{j=1}^{m} P_j} ,$$

et

$$\prod_{i=1}^{m} a_i = \frac{\prod_{i=1}^{m} \alpha_i}{\prod_{j=1}^{m} P_j} .$$

D'après (4.2.6) et (4.2.12), on a

$$\begin{aligned} t\Big(\sum_{i=1}^{m} \alpha_i \prod_{j \neq i} P_j\Big) &\leqslant \max_{1 \leqslant i \leqslant m} t\Big(\alpha_i \prod_{j \neq i} P_j\Big) + \operatorname{Log} m \\ &\leqslant (q+1) \max_{1 \leqslant i \leqslant m} \Big[t(\alpha_i) + \sum_{j \neq i} t(P_j)\Big] + \operatorname{Log} m + c_2 \\ &\leqslant (q+1) \sum_{i=1}^{m} t(\alpha_i) + \operatorname{Log} m + c_2 ; \end{aligned}$$

de même

$$t\Big(\prod_{j=1}^{m} \alpha_j\Big) \leqslant (q+1) \sum_{i=1}^{m} t(a_i) + c_2 ,$$

et

$$t\Big(\prod_{j=1}^{m} P_j\Big) \leqslant (q+1) \sum_{i=1}^{m} t(a_i) + c_2 .$$

Les relations (4.2.7) et (4.2.8) seront donc des conséquences de (4.2.9).

3. Pour démontrer (4.2.9), on considère deux éléments $\alpha \in \mathbb{Z}[x_1,\dots,x_q,y]$ et $\beta \in \mathbb{Z}[x_1,\dots,x_q]$. Soit $P \in \mathbb{Z}[x_1,\dots,x_q]$ le dénominateur de $\frac{\alpha}{\beta}$; on a

$$\alpha = \sum_{i=1}^{\delta} \pi_i \, y^{i-1} \text{ , avec } \pi_i \in \mathbb{Z}[x_1,\dots,x_q] \text{ , } (1 \leqslant i \leqslant \delta) \text{ ,}$$

et

$$\frac{\alpha}{\beta} = \frac{\sum_{i=1}^{\delta} P_i \, y^{i-1}}{P} = \frac{\sum_{i=1}^{\delta} \pi_i \, y^{i-1}}{\beta} \text{ ,}$$

avec $P_i \in \mathbb{Z}[x_1,\dots,x_q]$ $(1 \leqslant i \leqslant \delta)$. On en déduit

$$\pi_i P = P_i \beta \text{ , } (1 \leqslant i \leqslant \delta) \text{ ,}$$

donc P divise β et P_i divise π_i (dans $\mathbb{Z}[x_1,\dots,x_q]$): il existe $Q \in \mathbb{Z}[x_1,\dots,x_q]$ tel que

$$\beta = PQ \text{ , et } \pi_i = P_i Q \text{ , } (1 \leqslant i \leqslant \delta) \text{ .}$$

Il suffit donc que l'on établisse le résultat suivant :

si P et Q sont deux éléments non nuls de $\mathbb{Z}[x_1,\dots,x_q]$, on a

(4.2.13) $$t(P) \leqslant t(PQ) + \sum_{i=1}^{q} . \deg_{X_i}(PQ) \text{ .}$$

Cette inégalité fait l'objet du lemme suivant

__Lemme__ (4.2.14). __Soient__ $P_1,\dots,P_m$ __des éléments de__ $\mathbb{C}[X_1,\dots,X_q]$, __et soit__ n_j __le degré de__ $P_1 \dots P_m$ __par rapport à__ X_j $(1 \leqslant j \leqslant q)$. __On suppose__ $n_j \geqslant 1$ __pour tout__ $j = 1,\dots,q$.

__Alors on a__

$$\|P_1 \dots P_m\| \geqslant 2^{-n+\frac{q}{2}} . \|P_1\| \dots \|P_m\| \text{ ,}$$

__avec__ $n = n_1 + \dots + n_q$.

Les inégalités

$$e^x > \left(\frac{x+1}{2}\right)^{\frac{1}{2}}.2^x \quad \text{pour} \quad x \geqslant 1$$

et (1.2.7) :

$$H(P) \leqslant \|P\| \leqslant H(P). \prod_{k=1}^{q} (1+\deg_{X_k} P)^{\frac{1}{2}}$$

montrent que l'on a, à plus forte raison, (et sans supposer $n_j \geqslant 1$ pour $j = 1,\dots,q$) :

$$H(P_1 \dots P_m) \geqslant e^{-n}.H(P_1)\dots H(P_m) \, ,$$

d'où on déduit (4.2.13).

Notons que, dans l'autre sens, on obtient facilement (voir 4.2.10)

$$H(P_1 \dots P_m) \leqslant H(P_1)\dots H(P_m). \prod_{i=1}^{q} (\deg_{X_i}(P_1 \dots P_m))^{m-1} \, .$$

<u>Démonstration du lemme</u> (4.2.14)

L'inégalité à démontrer s'écrit, en utilisant (1.2.6)

$$\int_{H_q} |P(e^{2i\pi u_1},\dots,e^{2i\pi u_q})|^2 du_1\dots du_q \geqslant 2^{-2n+q}. \prod_{k=1}^{m} \int_{H_q} |P_k(e^{2i\pi u_1},\dots,e^{2i\pi u_q})|^2 du_1\dots du_q ,$$

où $P = P_1 \dots P_m$.

Examinons pour commencer le cas $q = 1$.

Quitte à diviser chaque P_j par une puissance convenable de l'inconnue X , on peut supposer, sans perte de généralité, $P(0) \neq 0$.

On remarque que, si z , α , β sont des nombres complexes vérifiant

$$|z| = 1 \, , \, \alpha \neq 0 \, , \text{ et } \beta = \frac{\alpha}{|\alpha|} \, ,$$

alors on a

(4.2.15) $$|z-\alpha| \geqslant (1+|\alpha|).\frac{|z-\beta|}{2} \, .$$

(Le cas $z = \pm\beta$ est trivial ; sinon, notons t la projection orthogonale de α sur la droite $(-\beta, z)$; on constate que l'on a :

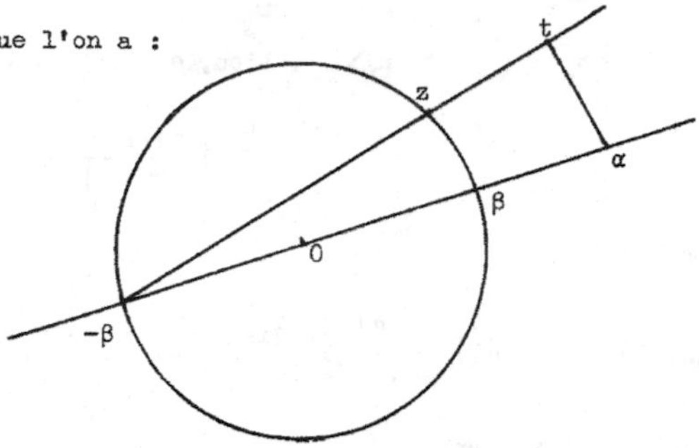

$$|z-\alpha| \geqslant |t-\alpha|$$

$$\left|\frac{t-\alpha}{\beta+\alpha}\right| = \frac{1}{2}\,|z-\beta|$$

$$|\beta+\alpha| = 1 + |\alpha|).$$

D'autre part, si $R \in \mathbb{C}[X]$ vérifie $R(0) \neq 0$, on peut écrire R sous la forme

$$R(X) = \sum_{k=0}^{r} a_k\, X^k = a_r \prod_{j=1}^{r} (X-\alpha_j)\ ,$$

avec

$$r = \deg R\ ,\ a_r \neq 0\ ,\ \text{et}\ \ \alpha_j \neq 0\ \ (1 \leqslant j \leqslant r).$$

D'après (4.2.15), si on note $\beta_j = \frac{\alpha_j}{|\alpha_j|}$ $(1 \leqslant j \leqslant r)$, on a, pour $|z| = 1$,

$$|R(z)| = |a_r|.\prod_{j=1}^{r} |z-\alpha_j| \geqslant |a_r|.\prod_{j=1}^{r} (1+|\alpha_j|).\prod_{k=1}^{r} \frac{|z-\beta_k|}{2}$$

(4.2.16) $$|R(z)| \geqslant \sup_{|y|=1} |R(y)|.\prod_{j=1}^{r} \frac{|z-\beta_j|}{2}\ .$$

Utilisons (4.2.16) pour $P_1,\ldots,P_m$ successivement ; en notant $v_1,\ldots,v_n$ les racines de P, on obtient, pour $|z| = 1$:

$$|P(z)| = \prod_{k=1}^{m} |P_k(z)| \geqslant 2^{-n}.\prod_{j=1}^{n} \left|z - \frac{v_j}{|v_j|}\right|.\prod_{k=1}^{m} \max_{|y|=1} |P_k(y)|\ .$$

Le polynôme

$$Q(X) = \prod_{j=1}^{n} \left(X - \frac{v_j}{|v_j|}\right) = \sum_{k=0}^{n} b_k\, X^k$$

vérifie

$$\|Q\| \geqslant \sqrt{2} ,$$

car $|b_0| = b_n = 1$, et $n \geqslant 1$. D'où, en utilisant (1.2.6) :

$$\int_0^1 \prod_{j=1}^{n} |e^{2i\pi x} - \frac{v_j}{|v_j|}|^2 dx \geqslant 2 .$$

On obtient ainsi

$$\|P\|^2 = \int_0^1 |P(e^{2i\pi u})|^2 du \geqslant 2^{1-2n} . \prod_{k=1}^{m} \max_{|y|=1} |P_k(y)|^2 . \tag{4.2.17}$$

D'après (1.2.8), on a

$$\|P_k\| \leqslant \max_{|y|=1} |P_k(y)| ,$$

donc l'inégalité (4.2.14) est démontrée dans le cas $q = 1$.

Le cas général va se démontrer par récurrence. Soient $P_1,\ldots,P_m$ des éléments de $\mathbb{C}[X_1,\ldots,X_q]$, et soit $P = P_1 \ldots P_m$.

Remarquons déjà que, si $x_1,\ldots,x_{s-1}$, $x_{s+1},\ldots,x_q$ sont des nombres complexes, on a, d'après (4.2.17)

$$\int_0^1 |P(x_1,\ldots,x_{s-1},e^{2i\pi u},x_{s+1},\ldots,x_q)|^2 du \geqslant \tag{4.2.18}$$
$$\geqslant 2^{1-2n_s} . \prod_{k=1}^{m} \int_0^1 |P_k(x_1,\ldots,x_{s-1},e^{2i\pi u},x_{s+1},\ldots,x_q)|^2 du ,$$

avec $n_s = \deg_{X_s} P$.

L'hypothèse de récurrence est la suivante : il existe un entier s , $1 \leqslant s \leqslant q-1$, tel que l'on ait, pour tout $(x_1,\ldots,x_s) \in \mathbb{C}^s$,

$$\int_{H_{q-s}} |P(x_1,\ldots,x_s,e^{2i\pi u_{s+1}},\ldots,e^{2i\pi u_q})|^2 du_{s+1}\ldots du_q \geqslant \tag{4.2.19}$$
$$\geqslant 2^{q-s-2\sum_{\nu=s+1}^{q} n_\nu} . \prod_{k=1}^{m} \int_{H_{q-s}} |P_k(x_1,\ldots,x_s,e^{2i\pi u_{s+1}},\ldots,e^{2i\pi u_q})|^2 du_{s+1}\ldots du_q .$$

Cette relation est vraie au rang $s = q-1$, d'après (4.2.18) ; supposons la vraie au rang s (avec $2 \leqslant s \leqslant q-1$) et démontrons la au rang $s-1$. On intègre les deux membres de (4.2.19) sur le cercle unité $x_s = e^{2i\pi u_s}$, $0 \leqslant u_s \leqslant 1$. On obtient, grâce à (4.2.18) :

$$\int_0^1 \int_{H_{q-s}} |P(x_1,\dots,x_{s-1},e^{2i\pi u_s},\dots,e^{2i\pi u_q})|^2 du_s\, du_{s+1}\dots du_q \geqslant$$

$$\geqslant 2^{q-s-2\sum_{\nu=s+1}^{q} n_\nu} \cdot \int_0^1 \prod_{k=1}^{m} \int_{H_{q-s}} |P_k(x_1,\dots,x_{s-1},e^{2i\pi u_s},\dots,e^{2i\pi u_q})|^2 du_s\dots du_q$$

$$\geqslant 2^{q-s-2\sum_{\nu=s+1}^{q} n_\nu} \cdot 2^{1-2n_s} \cdot \prod_{k=1}^{m} \int_0^1 \int_{H_{q-s}} |P_k(x_1,\dots,x_{s-1},e^{2i\pi u_s},\dots,e^{2i\pi u_q})|^2 du_s\dots du_q$$

ce qui établit la formule de récurrence (4.2.19) au rang $s-1$.

La démonstration du lemme (4.2.14) est donc terminée (donc aussi celle du lemme 4.2.5).

Nous poursuivons maintenant notre étude des propriétés de la taille ; le lemme suivant nous permettra de ramener certains problèmes au cas d'extensions transcendantes pures.

__Lemme__ 4.2.20. __Soit__ K __un sous-corps de__ $\mathbb{C}$, __de type fini sur__ $\mathbb{Q}$. __Soit__ $(x_1,\dots,x_q,y)$ __un système générateur de__ K __sur__ $\mathbb{Q}$. __Il existe une constante__ $C > 0$, __ne dépendant que de__ $x_1,\dots,x_q,y$, __ayant la propriété suivante.__

__Soit__ $a \in K$, $a \neq 0$. __Soit__ P __le dénominateur de__ a (__par rapport au système générateur__ $x_1,\dots,x_q,y$).

__Soit__ $\pi \in \mathbb{Z}[x_1,\dots,x_q]$ __la norme__ (__de__ K __sur__ $\mathbb{Q}(x_1,\dots,x_q)$) __de__ $P.a$.

__On a__ :

$$t(\pi) \leqslant C.t(a) \quad \text{et} \quad \operatorname{Log}|\pi| \leqslant \operatorname{Log}|a| + Ct(a) .$$

(Dans les applications de ce lemme, $|a|$ sera très petit, et $t(a)$ ne sera pas trop grand, disons $t(a) \leqslant -\frac{1}{2C} \operatorname{Log}|a|$; ainsi $|\pi|$ sera très petit : $\operatorname{Log}|\pi| \leqslant \frac{1}{2} \operatorname{Log}|a|$).

<u>Démonstration</u>

Soit $\delta = [K : \mathbb{Q}(x_1,\ldots,x_q)]$; notons $y_1,\ldots,y_\delta$ les différents conjugués de y sur $\mathbb{Q}(x_1,\ldots,x_q)$ (avec $y_1 = y$ par exemple). On peut écrire

$$Pa = \sum_{i=1}^{\delta} P_i \, y^{i-1} ,$$

où $P_1,\ldots,P_\delta$ appartiennent à $\mathbb{Z}[x_1,\ldots,x_q]$. Alors

$$\pi = \prod_{i=1}^{\delta} \left(\sum_{j=1}^{\delta} P_j \, y_i^{j-1}\right) = P.a . \prod_{i=2}^{\delta} \left(\sum_{j=1}^{\delta} P_j \, y_i^{j-1}\right) .$$

La majoration de $t(\pi)$ se déduit alors du lemme 4.2.5, et la relation

$$\pi \in \mathbb{Z}[x_1,\ldots,x_q]$$

provient du fait que l'anneau $\mathbb{Z}[x_1,\ldots,x_q]$ est intégralement clos. [Lang, A, chap. IX, prop. 6].

Enfin la majoration de $\operatorname{Log}|\pi|$ est une conséquence de l'inégalité triviale

(4.2.21) $\qquad \operatorname{Log}|\alpha| \leqslant c.t(\alpha)$ pour tout $\alpha \in \mathbb{Z}[x_1,\ldots,x_q,y]$, $\alpha \neq 0$.

Nous montrons maintenant que la taille ne dépend pas (à une constante près) du système générateur choisi.

<u>Lemme</u> 4.2.22. <u>Soient</u> $K_1 \subset K_2$ <u>deux extensions de</u> $\mathbb{Q}$ <u>de type fini</u>, $(x_1,\ldots,x_{q_1},y)$ (<u>resp.</u> $(\xi_1,\ldots,\xi_{q_2},\eta)$) <u>un système générateur de</u> K_1 (<u>resp.</u> K_2) <u>sur</u> $\mathbb{Q}$, <u>et</u> t_1 (<u>resp.</u> t_2) <u>la taille sur</u> K_1 (<u>resp.</u> K_2) <u>définie à partir de ce système générateur</u>.

<u>Il existe une constante</u> $c > 0$ <u>telle que, pour tout élément non nul</u> a <u>de</u> K_1, <u>on ait</u>

$$\frac{1}{c}\, t_1(a) \leqslant t_2(a) \leqslant c\, t_1(a)\,.$$

Démonstration

1) On démontre l'inégalité $t_2 \ll t_1$ d'abord pour un monôme $p.x_1^r$ ($p \in \mathbb{Z}$, $p \neq 0$, $r \geqslant 0$), puis pour tout polynôme non nul $P \in \mathbb{Z}[x_1,\ldots,x_q]$ (en utilisant le lemme 4.2.5), enfin pour tout élément non nul de K_1. Les détails, faciles, sont laissés au lecteur ; cf. [Waldschmidt, 1972, a, lemme 2.3].

2) D'après la relation $t_2 \ll t_1$, il suffit, pour démontrer que $t_1 \ll t_2$, d'étudier le cas

$$x_\ell = \xi_\ell \quad \text{pour} \quad 1 \leqslant \ell \leqslant q_1\,.$$

Soit

$$a = \sum_{i=1}^{\delta} R_i\, y^{i-1} \in K_1\,,\ R_i \in \mathbb{Q}(x_1,\ldots,x_{q_1})\,;$$

on a

$$t_2(R_i) = t_1(R_i)\,,\ 1 \leqslant i \leqslant \delta\,,$$

donc

$$t_1(a) \ll \max_{1\leqslant i\leqslant\delta} t_2(R_i)\,.$$

Soient $\sigma_1,\ldots,\sigma_\delta$ les différents $\mathbb{Q}(x_1,\ldots,x_q)$-isomorphismes de K_1 dans une clôture algébrique Ω de K_2 (grâce à la relation $t_2 \ll t_1$, il n'y a pas de restriction à supposer $\sigma_j(K_1) \subset K_2$ pour $1 \leqslant j \leqslant \delta$) ; comme la matrice

$$(\sigma_i y^{j-1})_{1\leqslant i,j\leqslant\delta}$$

est inversible, on a

$$\max_{1\leqslant i\leqslant\delta} t_2(R_i) \ll \max_{1\leqslant j\leqslant\delta} t_2(\sigma_j(a))\,.$$

Pour tout $j = 1,\dots,\delta$, σ_j se prolonge en un homomorphisme σ'_j de K_2 dans Ω ; on a alors

$$t_1(a) \ll \max_{1\leq j\leq \delta} t_2(\sigma_j(a)) = \max_{1\leq j\leq \delta} t_2(\sigma'_j(a)) \ll t_2(a) ,$$

ce qui démontre le lemme 4.2.22.

On déduit des lemmes 4.2.20 et 4.2.22 le

Lemme 4.2.23. *Soit* K *un sous-corps de* $\mathbb{C}$, *de type de transcendance inférieur ou égal à* τ *sur* $\mathbb{Q}$ *(avec* $\tau \geq 1$*). Soit* L *un sous-corps de* K , *de type fini sur* $\mathbb{Q}$; *soit* $(x_1,\dots,x_q,y)$ *un système générateur de* L *sur* $\mathbb{Q}$; *on note* t_L *la taille définie sur* L *à partir de ce système générateur. Il existe une constante* C_L , *ne dépendant que de* $x_1,\dots,x_q,y$, *telle que, pour tout élément non nul* a *de* L , *on ait*

$$-C_L.(t_L(a))^{\tau} \leq \operatorname{Log}|a| .$$

Toutes les propriétés que nous avions annoncées concernant le type de transcendance sont maintenant démontrées.

§4.3 Un lemme de Siegel pour les extensions de type fini

Nous aurons besoin d'une variante du lemme de Siegel, concernant les extensions de $\mathbb{Q}$ de type fini.

Lemme 4.3.1. *Soit K une extension de $\mathbb{Q}$ de type fini. Soit $(x_1,\ldots,x_q,y)$ un système générateur de K sur $\mathbb{Q}$. Il existe une constante $C > 0$ ayant la propriété suivante.*

Soient n et r deux entiers rationnels, $n \geqslant 2r > 0$ et $a_{i,j}$ $(1 \leqslant i \leqslant n$, $1 \leqslant j \leqslant r)$ des éléments de l'anneau $A = \mathbb{Z}[x_1,\ldots,x_q,y]$.

Il existe des éléments $\xi_1,\ldots,\xi_n$ de A, non tous nuls, tels que

$$\sum_{i=1}^{n} a_{i,j}\,\xi_i = 0 \quad \text{pour} \quad j = 1,\ldots,r\ ;$$

$$\max_{1\leqslant i\leqslant n} t(\xi_i) \leqslant C\,[\max_{i,j} t(a_{i,j}) + \operatorname{Log} n]\ .$$

Démonstration

Commençons par nous ramener au cas où

$$y \in A_0 = \mathbb{Z}[x_1,\ldots,x_q]\ .$$

Pour cela, notons

$$\delta = [K : \mathbb{Q}(x_1,\ldots,x_q)]\ .$$

En écrivant $\xi_1,\ldots,\xi_n$ dans $A = A_0[y]$, nous introduisons les nouvelles inconnues

$$\eta_{i,\ell}\ , \quad (1 \leqslant i \leqslant n\ ,\ 1 \leqslant \ell \leqslant \delta)\ ,$$

avec

$$\xi_i = \sum_{\ell=1}^{\delta} \eta_{i,\ell}\, y^{\ell-1}\ , \quad (1 \leqslant i \leqslant n)\ ,$$

et $\eta_{i,\ell} \in A_o$. De même écrivons les coefficients $a_{i,j}$ sous la forme

$$a_{i,j} = \sum_{h=1}^{\delta} b_{i,j,h}\, y^{h-1} \ , \ (1 \leqslant i \leqslant n \ , \ 1 \leqslant j \leqslant r) \ ,$$

avec $b_{i,j,h} \in A_o$.

Pour $u \geqslant 0$ entier et $k = 1,\dots,\delta$, on définit des éléments $\pi_{u,k}$ de A_o par les relations

$$y^{\delta+u} = \sum_{k=1}^{\delta} \pi_{u,k}\, y^{k-1} \ ;$$

le système d'équations

$$\sum_{i=1}^{n} a_{i,j}\, x_i = 0 \ , \ (1 \leqslant j \leqslant r)$$

s'écrit alors

$$\sum_{i=1}^{n} L_{i,j,k} = 0 \ , \ (1 \leqslant j \leqslant r \ , \ 1 \leqslant k \leqslant \delta) \ ,$$

avec

$$L_{i,j,k} = \sum_{h+\ell=k+1} b_{i,j,h}\, \eta_{i,\ell} + \sum_{u=0}^{\delta-2} \ \sum_{h+\ell=\delta+u+2} \pi_{u,k}\, b_{i,j,h}\, \eta_{i,\ell}$$

(voir la démonstration de 4.2.12).

Les $L_{i,j,k}$ $(1 \leqslant i \leqslant n \ , \ 1 \leqslant j \leqslant r \ , \ 1 \leqslant k \leqslant \delta)$ sont des formes linéaires en $\eta_{i,\ell}$ $(1 \leqslant i \leqslant n \ , \ 1 \leqslant \ell \leqslant \delta)$, à coefficients dans A_o, ces coefficients ayant une taille majorée par

$$c_1 \max_{i,j} t(a_{i,j}) \ .$$

<u>Il suffit donc que l'on démontre le lemme</u> 4.3.1 <u>dans le cas</u> $\delta = 1$ <u>et</u> $A = A_o$.

Les coefficients $a_{i,j}$ appartiennent à $A_o = \mathbb{Z}[x_1,\dots,x_q]$; écrivons les

$$a_{i,j} = \sum_{\ell_1=0}^{d_1-1} \cdots \sum_{\ell_q=0}^{d_q-1} a_{i,j,(\ell)}\, x_1^{\ell_1} \cdots x_q^{\ell_q} \ , \ (1 \leqslant i \leqslant n \ , \ 1 \leqslant j \leqslant r) \ ,$$

où $(\ell) = (\ell_1,\dots,\ell_q)$, et $a_{i,j,(\ell)} \in \mathbb{Z}$.

Soit c_2 un entier vérifiant

$$c_2 \geqslant ((\tfrac{3}{2})^{\frac{1}{q}} - 1)^{-1} .$$

Introduisons les nouvelles inconnues

$$\xi_{i,(\lambda)} \in \mathbb{Z} , \; (1 \leqslant i \leqslant n \; , \; 0 \leqslant \lambda_h \leqslant c_2 d_h - 1 \; , \; 1 \leqslant h \leqslant q) ,$$

définies par

$$\xi_i = \sum_{\lambda_1=0}^{c_2 d_1 - 1} \cdots \sum_{\lambda_q=0}^{c_2 d_q - 1} \xi_{i,(\lambda)} \, x_1^{\lambda_1} \cdots x_q^{\lambda_q} \; , \; (1 \leqslant i \leqslant n) .$$

Le système devient alors

$$\sum_{i=1}^{n} \sum_{\lambda_1+\ell_1=\Lambda_1} \cdots \sum_{\lambda_q+\ell_q=\Lambda_q} a_{i,j,(\ell)} \, \xi_{i,(\lambda)} = 0 \quad ,$$

pour $0 \leqslant \Lambda_k \leqslant (c_2+1)d_k - 1$, $(1 \leqslant k \leqslant q)$, $1 \leqslant j \leqslant r$.

On obtient un système de

$$(c_2+1)^q d_1 \dots d_q r$$

équations à

$$c_2^q d_1 \dots d_q n$$

inconnues, à coefficients dans $\mathbb{Z}$. Remarquons que

$$c_2^q d_1 \dots d_q n \geqslant \frac{4}{3} (c_2+1)^q d_1 \dots d_q r .$$

Le lemme 1.3.1 (avec $K = \mathbb{Q}$, $\delta = 1$) montre qu'il existe une solution $\xi_{i,(\lambda)}$ non triviale vérifiant

$$\operatorname{Log} \max_{i,(\lambda)} |\xi_{i,(\lambda)}| \leqslant 3.\operatorname{Log} c_2^q d_1 \dots d_q + 3 \max_{i,j} t(a_{i,j}) .$$

On en déduit le lemme 4.3.1.

§4.4 Démonstration du théorème 4.1.2

Soient $\tau > 1$ un nombre réel, et $u_1,\dots,u_n$ (resp. $v_1,\dots,v_m$) des nombres complexes $\mathbb{Q}$-linéairement indépendants. Soit K le corps obtenu en adjoignant à $\mathbb{Q}$ les mn nombres

$$\exp(u_i v_j) \;,\; (1 \leqslant i \leqslant n \;,\; 1 \leqslant j \leqslant m) \;.$$

D'après le lemme 4.2.23, il suffit que l'on montre que, si K a un type de transcendance inférieur ou égal à τ sur $\mathbb{Q}$, alors

$$mn < \tau(m+n) \;.$$

Comme $\tau > 1$, il n'y a pas de restriction à supposer

$$mn > m+n \;. \tag{4.4.1}$$

Soit $(x_1,\dots,x_q,y)$ un système générateur de K sur $\mathbb{Q}$. On note A l'anneau $\mathbb{Z}[x_1,\dots,x_q,y]$. Soit N un entier suffisamment grand.

Montrons qu'*il existe un polynôme non nul*

$$P_N \in A[X_1,\dots,X_n] \;,$$

de degré inférieur à $2N^m$ *par rapport à* X_i $(1 \leqslant i \leqslant n)$, *et dont les coefficients ont une taille majorée par*

$$t(\text{coefficients}) \ll N^{m+n} \;, \tag{4.4.2}$$

tel que la fonction

$$F_N(z) = P_N(e^{u_1 z},\dots,e^{u_n z})$$

vérifie

$$F_N(k_1 v_1 + \dots + k_m v_m) = 0 \quad \text{pour} \quad k_j = 1,\dots,N^n \;(1 \leqslant j \leqslant m) \;. \tag{4.4.3}$$

Notons ∂ le produit des dénominateurs - par rapport à $(x_1,\dots,x_q,y)$ - des éléments

$$e^{u_i v_j}\ ,\ (1 \leqslant i \leqslant n\ ,\ 1 \leqslant j \leqslant m)$$

de K. Considérons le système d'équations en $p_N(\ell_1,\dots,\ell_n) \in A$, $(0 \leqslant \ell_i < 2N^m$, $1 \leqslant i \leqslant n)$

$$\sum_{(\ell)} p_N(\ell) \prod_{i=1}^{n} \prod_{j=1}^{m} [(\partial . e^{u_i v_j})^{\ell_i k_j} . \partial^{N^{m+n} - \ell_i k_j}] = 0\ ,\ \text{pour}\ \ k_j = 1,\dots,N^n\ (1 \leqslant j \leqslant m)\ .$$

C'est un système de $N^{m.n}$ équations à $(2N^m)^n$ inconnues, à coefficients dans A, la taille de ces coefficients étant majorée par

$$t(\text{coefficients}) \ll N^{n+m}\ ,$$

grâce au lemme 4.2.5.

On a supposé $n \geqslant 2$ (4.4.1). Le lemme 4.3.1 montre qu'il existe une solution

$$p_N(\ell_1,\dots,\ell_n) \in A\ ,$$

non triviale, telle que

$$\max_{(\ell)} t(p_N(\ell)) \ll N^{m+n}\ .$$

Le polynôme

$$P_N = \sum_{(\ell)} p_N(\ell)\, X_1^{\ell_1} \dots X_n^{\ell_n}$$

fournit le résultat annoncé.

La fonction F_N ainsi construite n'est pas nulle (grâce à l'indépendance linéaire de $u_1,\dots,u_n$). Cette fonction est entière, d'ordre inférieur ou égal à 1 ; la condition $m \geqslant 2$ (qui résulte de l'hypothèse 4.4.1) montre que l'un des nombres

$$F_N(h_1 v_1 + \dots + h_m v_m)\ ,\ h_j \in \mathbb{Z}\ ,\ h_j \geqslant 1\ (1 \leqslant j \leqslant m)$$

est non nul (cf (1.5.4)).

<u>Nous noterons</u> M <u>le plus grand entier tel que</u>

(4.4.4) $$F_N(k_1v_1 + \ldots + k_mv_m) = 0 \quad \text{pour} \quad 1 \leqslant k_j \leqslant M^n \ (1 \leqslant j \leqslant m) ;$$

grâce à (4.4.3), on aura $M \geqslant N$; de plus <u>il existe des entiers rationnels</u> $h_1,\ldots,h_m$ <u>avec</u> $1 \leqslant h_j \leqslant (M+1)^n$, $(1 \leqslant j \leqslant m)$, <u>tels que</u>

(4.4.5) $$\gamma_N = F_N(h_1v_1 + \ldots + h_mv_m) \neq 0 .$$

Pour majorer $|\gamma_N|$, notons $w_1,\ldots,w_Q$ les nombres

$$k_1v_1 + \ldots + k_mv_m , \ 1 \leqslant k_j \leqslant M^n \ (1 \leqslant j \leqslant m) .$$

A cause de l'indépendance linéaire de $v_1,\ldots,v_m$, on a

$$Q = M^{mn} .$$

Notons d'autre part

$$w_0 = h_1v_1 + \ldots + h_mv_m ,$$

de telle manière que (4.4.5) s'écrive

$$\gamma_N = F_N(w_0) ;$$

grâce à (4.4.4), la fonction

$$F_N(z) . \prod_{i=1}^{Q} (z-w_i)^{-1}$$

est entière dans $\mathbb{C}$. On lui applique le principe du maximum sur le disque de centre 0 et de rayon

$$R = M^{mn-m} .$$

L'hypothèse 4.4.1 entraîne $R > M^n$. On obtient

$$|\gamma_N| = |F_N(w_o)| \leqslant |F_N|_R . \sup_{|t|=R} \prod_{h=1}^{Q} \left|\frac{w_o-w_h}{t-w_h}\right| .$$

Or on a d'une part (en utilisant 4.4.2)

$$\mathrm{Log}|F_N|_R \ll N^{m+n} + N^m R \ll M^{mn} = Q ,$$

et, d'autre part, pour $|t| = R$,

$$\mathrm{Log}\left|\frac{w_o-w_h}{t-w_h}\right| < -\frac{mn-m-n}{2}\,\mathrm{Log}\, M , \quad (1 \leqslant h \leqslant Q) .$$

Donc

$$\mathrm{Log} \sup_{|t|=R} \prod_{h=1}^{Q} \left|\frac{w_o-w_h}{t-w_h}\right| < -\frac{mn-m-n}{2}\, Q\, \mathrm{Log}\, M ,$$

et, pour N suffisamment grand,

$$\mathrm{Log}|\gamma_N| \leqslant -\frac{mn-m-n}{3}\, Q\, \mathrm{Log}\, M .$$

On utilisera cette inégalité sous la forme

(4.4.6) $$\mathrm{Log}|\gamma_N| \ll -M^{mn}\,\mathrm{Log}\, M .$$

Pour majorer la taille de γ_N , on remarque déjà que

$$\mu_N = \partial^{2mnN^m.(M+1)^n} . \gamma_N \in \mathbb{Z}[x_1,\ldots,x_q,y] .$$

On utilise (4.2.6) pour majorer la taille de μ_N :

$$t(\mu_N) \leqslant \mathrm{Log}(2N^m)^n + \max_{(\ell)} t(p_N(\ell).\partial^{2mnN^m(M+1)^n} \times \prod_{i=1}^{n} \prod_{j=1}^{m} (e^{u_i v_j})^{\ell_i h_j}) .$$

Maintenant, d'après (4.2.8), on a

$$t(p_N(\ell).\partial^{2mnN^m(M+1)^n} . \prod_{i=1}^{n} \prod_{j=1}^{m} (e^{u_i v_j})^{\ell_i h_j}) \ll M^{m+n} .$$

D'où

$$t(\mu_N) \ll M^{m+n} ;$$

comme on a également

$$t(\partial^{2mnN^m(M+1)^n}) \ll M^{m+n} ,$$

on déduit de (4.2.9) la majoration attendue

$$(4.4.7) \qquad t(\gamma_N) \ll M^{m+n} .$$

Si K a un type de transcendance inférieur ou égal à τ sur $\mathbb{Q}$, le lemme 4.2.23 montre que l'on a

$$-t(\gamma_N)^\tau \ll \mathrm{Log}|\gamma_N| \quad \text{pour} \quad N \to +\infty ,$$

donc

$$(4.4.8) \qquad -M^{\tau(m+n)} \ll -M^{mn} \,\mathrm{Log}\, M \quad \text{pour} \quad M \to +\infty$$

(à cause de 4.4.6, 4.4.7 et de l'inégalité $M \geqslant N$). On en déduit

$$mn < \tau(m+n) .$$

§4.5 Indépendance algébrique des valeurs de fonctions méromorphes

On peut étendre le théorème 4.1.2 en un critère de dépendance algébrique de fonctions méromorphes, qui généralise 2.2.1.

Théorème 4.5.1. *Soient* $\tau > 1$ *et* $\ell > 0$ *deux nombres réels, et* K *un sous-corps de* $\mathbb{C}$ *, de type fini sur* $\mathbb{Q}$ *et de type de transcendance inférieur ou égal à* τ *sur* $\mathbb{Q}$ *. Soient* $f_1,\ldots,f_d$ *des fonctions méromorphes, algébriquement indépendantes sur* K *. Soit* $(S_N)_{N\geqslant 0}$ *une suite de sous-ensembles finis de* $\mathbb{C}$ *, tels que*

$$\operatorname{Card} S_N \gg N^{\ell}, \text{ et } \max_{z\in S_N} |z| \ll N \text{ pour } N \to +\infty .$$

On suppose que, pour tout $i = 1,\ldots,d$ *, il existe une fonction* h_i *entière, d'ordre inférieur ou égal à* ρ_i *, sans zéros dans*

$$\bigcup_N S_N ,$$

telle que $h_i f_i$ *soit entière d'ordre inférieur ou égal à* ρ_i *, et que l'on ait*

$$f_i(S_N) \subset K \ ; \quad \max_{z\in S_N} t(f_i(z)) \ll N^{\rho_i} , \text{ et}$$

$$\max_{z\in S_N} \operatorname{Log}\left|\frac{1}{h_i(z)}\right| \ll N^{\rho_i} \qquad (1 \leqslant i \leqslant d) .$$

Alors on a

$$(d-\tau)\ell < \tau(\rho_1+\ldots+\rho_d) .$$

On obtient comme corollaire le théorème 4.1.2, en choisissant

$$f_i(z) = \exp u_i z \ , \ (1 \leqslant i \leqslant d) \ , \ \rho_1 = \ldots = \rho_d = 1 \ ; \ d = n \ ;$$

$$S_N = \{k_1 v_1 + \ldots + k_m v_m \mid -N \leqslant k_j \leqslant N \ , \ (1 \leqslant j \leqslant m)\} .$$

D'autre part, quand K est un corps de nombres, le théorème 4.5.1 est équivalent au théorème 2.2.1, grâce aux inégalités (4.2.3) entre s et t .

Démonstration du théorème 4.5.1

Supposons les hypothèses du théorème 4.5.1 vérifiées, et soit N un entier suffisamment grand. On définit :

$$R = [N^{\frac{\ell}{d}}] ,$$

et

$$R_i = [N^{\frac{\ell}{d}+\rho-\rho_i}] , \ 1 \leq i \leq d ,$$

où

$$\rho = \frac{\rho_1+\ldots+\rho_d}{d} .$$

On remarque tout d'abord qu'on peut supposer $d > \tau$ et

$$(4.5.2) \qquad \max_{1\leq i\leq d} \rho_i < \frac{\ell}{d} + \rho ;$$

(si on avait, par exemple, $\rho_d \geq \frac{\ell}{d} + \rho$, il suffirait que l'on démontre l'inégalité

$$(d-1-\tau)\ell < \tau(\rho_1+\ldots+\rho_{d-1}) ,$$

en utilisant $f_1,\ldots,f_{d-1}$, pour en déduire

$$(d-\tau)\ell < \tau(\rho_1+\ldots+\rho_d) \quad).$$

Quitte à remplacer chaque S_N par un de ses sous-ensembles, on peut supposer $\text{Card}\, S_N << N^{\ell}$.

Enfin, comme on a supposé $\tau > 1$, il n'y a pas de restriction à ajouter l'hypothèse

$$\ell > \frac{\rho_1+\ldots+\rho_d}{d-1} .$$

Soit $(x_1,\ldots,x_q,y)$ un système générateur de K sur $\mathbb{Q}$, et soit $A = \mathbb{Z}[x_1,\ldots,x_q,y]$.

Montrons qu'il existe un polynôme non nul

$$P_N \in A[X_1,\dots,X_d] ,$$

<u>de degré par rapport à</u> X_i <u>vérifiant</u>

$$\deg_{X_i} P_N \ll R_i , \quad (1 \leqslant i \leqslant d) ,$$

<u>et dont les coefficients ont une taille</u> $\ll R.N^\rho$, <u>tel que la fonction</u>

$$F_N = P_N(f_1,\dots,f_d)$$

<u>vérifie</u>

$$F_N(t) = 0 \quad \underline{\text{pour tout}} \quad t \in S_N .$$

On résoud pour cela le système $d(f_1(t))^{C.R_1}\dots d(f_d(t))^{C.R_d}.F_N(t) = 0$ pour tout $t \in S_N$. Le lemme 4.3.1 permet de trouver un entier $C > 0$ (indépendant de N) et des éléments

$$p_N(\lambda_1,\dots,\lambda_d) \in A , \quad (0 \leqslant \lambda_i \leqslant C.R_i , \ 1 \leqslant i \leqslant d)$$

non tous nuls, vérifiant

$$\max_{(\lambda)} t(p_N(\lambda)) \ll \sum_{i=1}^{d} R_i.N^{\rho_i} \ll R.N^\rho ,$$

et tels que le polynôme

$$P_N = \sum_{(\lambda)} p_N(\lambda)\, X_1^{\lambda_1}\dots X_d^{\lambda_d}$$

possède la propriété désirée.

D'après (1.5.4), il existe un plus grand entier $M \geqslant N$ tel que

$$F_N(t) = 0 \quad \text{pour tout} \quad t \in S_M .$$

Donc il existe $w_0 \in S_{M+1}$, tel que

$$\gamma_N = F_N(w_0) \neq 0 .$$

Pour majorer γ_N , on utilise le principe du maximum sur un disque $|t| = R$, où

$$R = M^{\alpha} ,$$

avec

$$\alpha = \frac{d\ell}{\ell + d\rho} .$$

On a ainsi $\alpha > 1$ et, à cause de (4.5.2),

$$\frac{\ell}{d} + \rho - \rho_i + \alpha\rho_i \leqslant \ell \quad \text{pour tout} \quad i = 1,\ldots,d .$$

On obtient facilement

$$\operatorname{Log}|F_N|_R \ll M^{\ell} ,$$

et

$$|\gamma_N| \leqslant |F_N|_R . \sup_{|z|=R} \prod_{t \in S_M} \left|\frac{w_o - t}{z - t}\right| ,$$

d'où

$$\operatorname{Log}|\gamma_N| \ll - M^{\ell} \operatorname{Log} M .$$

D'autre part la taille de γ_N vérifie, d'après le lemme 4.2.5 :

$$t(\gamma_N) \ll \sum_{i=1}^{d} R_i \, M^{\rho_i} \ll M^{\frac{\ell}{d}+\rho} .$$

Enfin, le lemme 4.2.23 montre que

$$-t(\gamma_N)^{\tau} \ll \operatorname{Log}|\gamma_N| \quad \text{pour} \quad N \to +\infty ,$$

donc

$$\tau(\tfrac{\ell}{d}+\rho) > \ell ,$$

ce qui démontre le théorème 4.5.1.

§4.6 Références

La notion de "type de transcendance" est due à Lang ; de même la définition de la taille sur une extension $K = \mathbb{Q}(x_1,\dots,x_q,y)$ de $\mathbb{Q}$ de type fini est essentiellement celle de [Lang, T., chap.V §2], avec cependant une différence importante : après avoir défini la taille sur $\mathbb{Z}[x_1,\dots,x_q,y]$, Lang dit qu'un élément γ de K a une taille inférieure ou égale à B si γ peut s'écrire comme un quotient

$$\gamma = \frac{\alpha}{\beta}\ , \text{ avec } \alpha \in \mathbb{Z}[x_1,\dots,x_q,y]\ ,\ \beta \in \mathbb{Z}[x_1,\dots,x_q]$$

$$\text{et} \quad t(\alpha) \leqslant B\ ,\ t(\beta) \leqslant B\ .$$

D'après cette définition, si P et Q sont deux éléments non nuls de $\mathbb{Z}[x_1,\dots,x_q]$, on devrait pouvoir écrire, en utilisant $\alpha = PQ$, $\beta = Q$ et $\gamma = P$,

$$t(P) \leqslant \max(t(PQ),t(Q))\ ,$$

ce qui n'est pas vrai en général. Mais l'inégalité (4.2.13) nous a permis de remédier à cet inconvénient et de donner une définition cohérente.

Cette inégalité (4.2.13), et la démonstration du lemme (4.2.14), sont dues à Gel'fond [Gel'fond, T., chap.III §4 lemme II], qui améliorait ainsi, et généralisait, un résultat de Popken et Koksma :

$$H(P_1\dots P_m) \geqslant (4n)^{-n}\, H(P_1)\dots H(P_m)\ ,$$

où $P_1,\dots,P_m$ sont des éléments de $\mathbb{C}[X]$ [Schneider, T., lemme 16].

Il existe une autre démonstration très intéressante de ce lemme, par Mahler. [Mahler, 1961] ; le principe en est le suivant : pour $P \in \mathbb{C}[X_1,\dots,X_q]$, notons

$$M(P) = \exp\int_{H_q} \operatorname{Log} |P(e^{2i\pi u_1},\dots,e^{2i\pi u_q})|\,du_1\dots du_q$$

(avec $M(P) = 0$ si $P = 0$). On a évidemment

$$M(P_1 \ldots P_m) = M(P_1) \ldots M(P_m) ;$$

donc le problème revient à trouver des inégalités liant les fonctions $M(P)$ et $\|P\|$; on a dans un sens, grâce à Hardy, Littlewood et Polya :

$$M(P) \leqslant \|P\| .$$

D'autre part, en utilisant la formule (1.5.3) de Jensen [Mahler, 1960], on constate que, pour

$$P = \sum_{k_1=0}^{n_1} \ldots \sum_{k_q=0}^{n_q} a_{k_1,\ldots,k_q} X_1^{k_1} \ldots X_q^{k_q} ,$$

on a

$$|a_{k_1,\ldots,k_q}| \leqslant \binom{n_1}{k_1} \ldots \binom{n_q}{k_q} M(P) .$$

On en déduit des inégalités entre

$$\|P_1 \ldots P_m\| \quad \text{et} \quad \|P_1\|, \ldots, \|P_m\| ,$$

ou bien entre

$$H(P_1 \ldots P_m) \quad \text{et} \quad H(P_1), \ldots, H(P_m) .$$

Notons d'autre part une démonstration très simple de l'inégalité

$$t(P) \leqslant 3\, t(PQ) ,$$

pour tout P et Q dans $\mathbf{Z}[X]$ [Lang, T., chap.VI §2].

Le théorème 4.5.1 correspond à [Lang, T, chap. V §3 th. 2] , avec les corrections nécessaires. Pour l'utiliser, il faut pouvoir déterminer le type de transcendance de certains corps, et ce problème est plus difficile que celui de la détermination du degré de transcendance d'un corps. Les mesures d'indépendance algébrique actuellement connues ne donnent pas de type de transcendance pour des corps de degré de transcendance supérieur ou égal à 2[Lang, T., p. 99]. Néanmoins, dans le cas de dimension algébrique 1, les mesures de transcendance donnent déjà certains résultats. Ainsi, A.O. Gel'fond a montré que $\mathbb{Q}(a^b)$ avait un type $\leqslant 4$, et que $\mathbb{Q}(\frac{\operatorname{Log}\alpha}{\operatorname{Log}\beta})$ avait un type $\leqslant 4+\varepsilon$ pour tout $\varepsilon > 0$ (cf. [Gel'fond, T, chap. III §3 Th. III]) ; puis N.I. Fel'dman a obtenu $\tau = 2+\varepsilon$ pour $\mathbb{Q}(\pi)$, et $\tau = 3+\varepsilon$ pour $\mathbb{Q}(\operatorname{Log}\alpha)$ [Fel'dman, 1959]. Plus récemment, P.L. Cijsouw a amélioré plusieurs de ces résultats, et a démontré de nouvelles mesures de transcendance pour e^α et e^π . Les résultats actuellement connus s'énoncent ainsi. Les corps K suivants ont un type de transcendance inférieur ou égal à τ , dès que l'on choisit

$$\tau > 2 \ \underline{\text{pour}}\ K = \mathbb{Q}(\pi) \quad ; \quad \tau > 3 \ \underline{\text{pour}}\ K = \mathbb{Q}(\operatorname{Log}\alpha) \ ;$$

$$\tau \geqslant 3 \ \underline{\text{pour}}\ K = \mathbb{Q}(e^\alpha) \quad ; \quad \tau \geqslant 4 \ \underline{\text{pour}}\ K = \mathbb{Q}(\frac{\operatorname{Log}\alpha}{\operatorname{Log}\beta}) \ ;$$

$$\tau \geqslant 3 \ \underline{\text{pour}}\ K = \mathbb{Q}(e^\pi) \quad ; \quad \tau \geqslant 4 \ \underline{\text{pour}}\ K = \mathbb{Q}(a^b) \ .$$

(Ici α , β , a et b sont algébriques). (Voir [Cijsouw, 1972]).

Nous n'avons parlé que de l'extension des résultats du chapitre 2, aux extensions de $\mathbb{Q}$ de type de transcendance $\leqslant \tau$. On peut effectuer une généralisation semblable des résultats du chapitre 3 ; le seul problème consiste à établir l'analogue du lemme 3.3.2 (où on remplace s par t , et K par une extension de $\mathbb{Q}$ de type fini). On peut démontrer par exemple que, sous les hypothèses du théorème 4.5.1, si on suppose, de plus que la dérivation $\frac{d}{dz}$ opère sur une extension finie du corps $K(f_1,\ldots,f_d)$, alors on a

$$(d-\tau)\ell < \tau(\frac{d-1}{d})(\rho_1+\ldots+\rho_d) \ ;$$

si, de plus, la dérivation opère sur le K-espace vectoriel

$$K + Kf_1 + \dots + Kf_d ,$$

alors

$$d\ell < (\tau-1)d + \tau\ell .$$

Nous étudierons, au chapitre 7, le cas particulier de la fonction exponentielle. Le cas général est exposé dans [Waldschmidt, 1972, a, §4].

EXERCICES

Exercice 4.1.a. Soient $\tau \geqslant 2$ un nombre réel, et x un nombre complexe transcendant. Soit K une extension algébrique de $\mathbb{Q}(x)$. Montrer que les trois propriétés suivantes sont équivalentes.

(i) K a un type de transcendance inférieur ou égal à τ sur $\mathbb{Q}$.

(ii) Pour tout polynôme irréductible non nul $P \in \mathbb{Z}[x]$, on a

$$-(t(P))^{\tau} \ll \operatorname{Log}|P(x)| .$$

(iii) Pour tout nombre algébrique α, on a

$$-(\sigma(\alpha))^{\tau} \ll \operatorname{Log}|x-\alpha| ,$$

où $\sigma(\alpha)$ désigne la taille du polynôme minimal de α sur $\mathbb{Z}$.

(Indications. Pour démontrer l'équivalence entre (i) et (ii), utiliser le lemme 5.3.5, pour l'implication (iii) $\Longrightarrow$ (ii), utiliser l'exercice 4.1.b ; l'implication (ii) $\Longrightarrow$ (iii) est facile. Voir [Lang, T., chap. VI §2 th.2], ou [Cijsouw, 1972, lemmes 2.15 et 4.3]).

Exercice 4.1.b. Soit $\Phi(n,s)$ une fonction réelle positive, définie pour $n \geqslant 0$ et $s \geqslant 1$ entiers, telle que, pour tout n,s, on ait

$$\Phi(n,s) \geqslant n.s \ ; \ \Phi(n,s_1) \leqslant \Phi(n,s_2) \ \text{si} \ s_1 < s_2 \ ; \ \frac{1}{n_1}\Phi(n_1,s) \leqslant \frac{1}{n_2}\Phi(n_2,s) \ \text{si} \ n_1 < n_2 .$$

Soit x un nombre complexe transcendant tel que, pour tout nombre algébrique α de degré N et de hauteur H, on ait $\text{Log}|x-\alpha| > -\Phi(N,S)$, avec $S = [N + \text{Log } H]$. Montrer que, pour tout polynôme non constant $P \in \mathbb{Z}[X]$, de degré N et de hauteur H, on a $\text{Log}|P(x)| > -3\Phi(N,2S)$, avec $S = [N + \text{Log } H]$.

(Si P est irréductible, l'exercice 4.2.f donne

$$\text{Log}|P(x)| > -3\ \Phi(N,S) \ ;$$

sinon, on utilise 4.2.13).

Ce résultat a été obtenu, par Cijsouw, à partir de la démonstration du théorème 2 de [Fel'dman, 1951].

Exercice 4.1.c. Soit Ω un sous-corps algébriquement clos de $\mathbb{C}$, de type de transcendance inférieur ou égal à τ sur $\mathbb{Q}$. Soit $M \in M_n(\mathbb{C})$; on note d la dimension du sous-$\mathbb{Q}$-espace vectoriel de $\mathbb{C}$ engendré par les valeurs propres de M. Soient

$$t_1,\ldots,t_m$$

des nombres complexes, $\mathbb{Q}$-linéairement indépendants, tels que les matrices

$$\exp(Mt_j) \ , \ (1 \leqslant j \leqslant m) \ ,$$

appartiennent toutes à $M_n(\Omega)$.

Montrer que l'on a

$$md < \tau(m+d) \ .$$

En déduire le premier résultat de l'exercice 2.2.a.

Exercice 4.2.a. Démontrer les inégalités (4.2.3).

(Si $\sigma_1, \ldots, \sigma_\delta$ désignent les différents plongements de K dans $\mathbb{C}$, choisir

$$c_1 = \max\{0 \; ; \; \max_{1 \leqslant j \leqslant \delta} \operatorname{Log} \sum_{i=1}^{\delta} |\sigma_j y^{i-1}|\} .$$

En considérant le produit des dénominateurs par rapport à y des éléments d'une base sur $\mathbb{Z}$ de l'anneau des entiers $\mathbf{A}$ de K , montrer qu'il existe un entier rationnel $f \geqslant 1$ tel que $f.\mathbf{A} \subset \mathbb{Z}[y]$; définir

$$c_2 = \max\{\operatorname{Log} f \, , \, \operatorname{Log} \delta f c_0 \, , \, 1\} ,$$

où c_0 est le maximum des valeurs absolues des coefficients de la matrice inverse de

$$[\sigma_j y^{i-1}]_{1 \leqslant i, j \leqslant \delta} \;).$$

En déduire une valeur de la constante C_K de (4.2.4).

Exercice 4.2.b. Soit K une extension de $\mathbb{Q}$ de type fini. Montrer qu'il existe des constantes, ne dépendant que d'un système générateur $(x_1,\ldots,x_q,y)$ de K sur $\mathbb{Q}$ (permettant de définir une taille t sur K), et notées $\ll$, telles que les propriétés suivantes soient vérifiées

1) $t(\frac{a}{b}) \ll \max(t(a),t(b))$ pour tout $a \in K$, $b \in K$, $b \neq 0$.

2) Si $a = \sum_{i=1}^{\delta} \frac{P_i}{Q_i} y^{i-1}$, où, pour tout $i = 1,\ldots,\delta$, P_i et Q_i sont deux éléments de $\mathbb{Z}[x_1,\ldots,x_q]$ premiers entre eux, alors

$$t(a) \ll \max_{1\leq i\leq \delta} \{t(P_i),t(Q_i)\} \ll t(a) .$$

3) Soit $\sigma : K \to K$ un homomorphisme ; on a

$$t(\sigma(a)) \ll t(a) .$$

[Waldschmidt, 1972a §2].

Exercice 4.2.c. Soient $P \in \mathbb{Z}[x_1,\ldots,x_q]$, et $m \in \mathbb{Z}$, $m \geqslant 1$. Vérifier l'inégalité

$$\sup_{|x_1|=1,\ldots,|x_q|=1} |P(x_1,\ldots,x_q)|^{2m} \leqslant \|P^m\|^2 \cdot \prod_{\nu=1}^{q} (1+2^m \deg_{x_\nu} P) .$$

En déduire

$$H(P^m) \geqslant \sup_{|x_1|=1,\ldots,|x_q|=1} |P(x_1,\ldots,x_q)|^m \cdot \prod_{\nu=1}^{q} (1+2^m \deg_{x_\nu} P)^{-1} ,$$

et

$$H(P^m) \geqslant (H(P))^m \cdot \prod_{\nu=1}^{q} (1+2m \deg_{x_\nu} P)^{-1}$$

[Gel'fond, T, Chap.III §4 lemme II'].

Exercice 4.2.d. Soit $P = \sum_{i=0}^{d} a_i X^i \in \mathbb{C}[X]$, $a_d \neq 0$.

Soient $z_1, \ldots, z_d$ les racines de P dans $\mathbb{C}$; on note

$$|z_i|^* = \max(|z_i|, 1) .$$

1) Vérifier l'inégalité

$$\sum_{j=0}^{d} |a_j|^2 \geqslant |a_d|^2 . \prod_{i=1}^{d} |z_i|^{*2} + |a_0|^2 \prod_{i=1}^{d} |z_i|^{*-2} ;$$

en particulier

$$\|P\| \geqslant |a_d| . \prod_{i=1}^{d} |z_i|^* .$$

[Mignotte, 1973].

2) En déduire que, si $Q_1, \ldots, Q_m, R$ sont des polynômes unitaires de $\mathbb{Z}[X]$, on a (avec les notations de l'exercice 1.2.a) :

$$\prod_{j=1}^{m} L(Q_j) \leqslant 2^{\sum_{j=1}^{m} \deg Q_j} . \|Q_1 \ldots Q_m R\| .$$

De plus, si $Q_1 = b_0 + b_1 X + \ldots + b_\ell X^\ell$, on a

$$|b_i| \leqslant \binom{\ell}{i} \|Q_1 \ldots Q_m R\| \quad , \quad 0 \leqslant i \leqslant \ell .$$

[Mignotte, 1973].

3) En déduire aussi l'inégalité

$$\prod_{\nu=1}^{n} (1 + |z_\nu|) \leqslant (n+1)\, 4^n \, |a_d|^{-1} . H(P)$$

[Fel'dman, 1951].

Exercice 4.2.e. Soit $Q = \sum_{i=0}^{N} q_i X^i = q_N \prod_{i=1}^{N} (X-\alpha_i) \in \mathbb{Z}[X]$ un polynôme non nul de degré $N \geqslant 1$ et de hauteur H, ayant ses racines deux à deux distinctes.

Soit Ω un sous-ensemble de

$$\{(i,j)\ ;\ 1 \leqslant i \leqslant N\ ,\ 1 \leqslant j \leqslant N\ ,\ i < j\}\ .$$

Vérifier

$$\prod_{\Omega} |\alpha_i - \alpha_j| \geqslant 2^{-\frac{1}{2}N(N-1)} \cdot (N+1)^{-\frac{1}{2}(N-1)} \cdot H^{-(N-1)} \cdot 2^{\mathrm{Card}\,\Omega}\ .$$

(Indications : utiliser l'exercice 4.2.d , et consulter [Cijsouw, 1972, lemme 2.8], ou [Güting, 1960], ou [Fel'dman, 1951, lemme 5]).

Exercice 4.2.f.

Soit

$$P = \sum_{i=0}^{m} a_i X^i \in \mathbb{Z}[X]$$

un polynôme de degré m , dont les racines

$$\alpha_1, \ldots, \alpha_m$$

sont deux à deux distinctes.

Vérifier l'inégalité

$$|a_m| \cdot e^{-m(2m+\mathrm{Log}\, H(P))} \cdot \min_{1\leqslant i\leqslant m} |\xi-\alpha_i| \leqslant |P(\xi)| \leqslant (m+1)4^m \cdot H(P) \cdot (1+|\xi|^m) \cdot \min_{1\leqslant i\leqslant m} |\xi-\alpha_i|\ .$$

[Feldman, 1951, lemme 5].

Exercice 4.5.a. Sous les hypothèses du théorème 4.5.1, on suppose que les fonctions $f_1,\dots,f_d$ ont une période $w \neq 0$ commune non nulle. Etablir l'inégalité

$$(d-\tau)\ell < \tau(\rho_1+\dots+\rho_d-1) .$$

En déduire le résultat de l'exercice 2.2.d.

Exercice 4.5.b. Toutes les inégalités qui interviennent dans les démonstrations que nous étudions sont du type

$$\ll N^a (\mathrm{Log}\, N)^b \qquad \text{pour } N \to +\infty$$

où $a \geqslant 0$ et b sont deux réels ($b > 0$ si $a = 0$).

Remplacer, dans les hypothèses du théorème 4.5.1, toutes les inégalités du type

$$\ll N^a \qquad \text{pour } N \to +\infty ,$$

par des inégalités du type précédent. Par exemple, au lieu de supposer que $K = \mathbb{Q}(x_1,\dots,x_q,y)$ a un type de transcendance $\leqslant \tau$, on suppose qu'il existe deux réels $\tau \geqslant 1$ et τ' tels que

$$- t(P)^\tau \mathrm{Log}(t(P))^{\tau'} \ll \mathrm{Log}\, |P(x_1,\dots,x_q)|$$

pour tout $P \in \mathbb{Z}[X_1,\dots,X_q]$, $P \neq 0$.

(Remarque : d'après [Fel'dman, 1960], on peut choisir

$$\tau = 2 , \tau' = 2 \quad \text{quand} \quad q = 1 , x_1 = \pi ;$$

et, d'après [Cijsouw, 1972], on peut choisir

$$\tau = 3 , \tau' = 2 \quad \text{quand} \quad q = 1 , x_1 = \mathrm{Log}\, \alpha \quad (\alpha \in \overline{\mathbb{Q}} , \alpha \neq 0,1)).$$

Montrer que la conclusion du théorème 4.5.1 devient :

si

$$(d-\tau)\ell' > \tau(\rho'_1+\dots+\rho'_d) + d(\tau'-1)$$

alors

$$(d-\tau)\ell < \tau(\rho_1+\dots+\rho_d) .$$

Exercice 4.6.a. Soient $P_1,\dots,P_m$ des polynômes de $\mathbb{C}[X_1,\dots,X_q]$; on note

$$m_h = \sum_{i=1}^{m} \deg_{X_h} P_i \qquad (1 \leqslant h \leqslant q) .$$

Soit ν le nombre d'entiers h tels que $m_h > 1$. Vérifier

$$L(\prod_{i=1}^{m} P_i) \leqslant \prod_{i=1}^{m} L(P_i) \leqslant 2^{m_1+\dots+m_q} . L(\prod_{i=1}^{m} P_i) ;$$

$$2^{-(m_1+\dots+m_q)} H(P) \leqslant \prod_{i=1}^{m} H(P_i) \leqslant 2^{m_1+\dots+m_q-\nu} . [(m_1+1)\dots(m_q+1)]^{\frac{1}{2}} . H(\prod_{i=1}^{m} P_i) .$$

(Utiliser l'exercice 1.2.a et les remarques du §4.6, ou bien appliquer directement le lemme 4.2.14) [Mahler, 1961].

Exercice 4.6.b. Généraliser le lemme 3.3.2 aux extensions de $\mathbb{Q}$ de type fini.

En déduire une extension des résultats du chapitre 3 (méthode de Gel'fond) aux corps de type de transcendance inférieur ou égal à τ sur $\mathbb{Q}$ [Waldschmidt, 1972 a, lemme 3.1 et théorèmes 1b et 2b].

CHAPITRE 5

Un critère de transcendance

Pour utiliser les résultats du chapitre précédent, il faut pouvoir majorer le type de transcendance de certains corps, et c'est là un problème difficile.

Cette difficulté peut être contournée en ce qui concerne la fonction exponentielle, et pour le cas de degré de transcendance 1.

Soit $\alpha \in \mathbb{C}$; au lieu de chercher à minorer chacun des nombres $P(\alpha)$, $(P \in \mathbb{Z}[X]$, $P(\alpha) \neq 0)$, on considère une suite $(P_n)_{n\geq 1}$ d'éléments de $\mathbb{Z}[X]$, et on montre que les nombres $|P_n(\alpha)|$ ne peuvent pas être tous trop petits ; ainsi, pour $\alpha \in \mathbb{C}$, il n'existe pas de suite $(P_n)_{n\geq n_0}$ de polynômes de $\mathbb{Z}[X]$ vérifiant

$$0 < |P_n(\alpha)| \leq e^{-6n^2} , \ \deg P_n \leq n \ , \ \mathrm{Log}\, H(P_n) \leq n \ ,$$

pour tout $n \geq n_0$.

§5.1 Enoncés des résultats

Théorème 5.1.1. Soient $c > 1$ et $d > 1$ deux nombres réels ; soient $(\gamma_n)_{n \geq n_0}$ et $(\delta_n)_{n \geq n_0}$ deux suites croissantes (au sens large) de nombres réels, tendant vers $+\infty$ avec n, et telles que

(5.1.2) $$\gamma_{n+1} \leqslant c\,\gamma_n \ , \quad \text{et} \quad \delta_{n+1} \leqslant d\,\delta_n \ , \quad \text{pour tout } n \geqslant n_0 .$$

Soit $\alpha \in \mathbb{C}$. On suppose qu'il existe une suite de polynômes non nuls $(P_n)_{n \geq n_0}$ de $\mathbb{Z}[X]$, vérifiant

$$\deg P_n \leqslant \delta_n \ ; \quad \operatorname{Log} H(P_n) \leqslant \gamma_n \ ,$$

et

(5.1.3) $$\operatorname{Log}|P_n(\alpha)| \leqslant - \delta_n((c+d+1)\gamma_n + (2d+1)\delta_n) \ ,$$

pour tout $n \geqslant n_0$.

Alors α est algébrique.

On montrera de plus que $P_n(\alpha) = 0$ pour tout n suffisamment grand.

On utilisera essentiellement ce résultat sous la forme plus faible suivante.

Corollaire 5.1.4. Soit K un sous-corps de $\mathbb{C}$ de type fini sur $\mathbb{Q}$; soit t une taille sur K (définie à partir d'un système générateur de K sur $\mathbb{Q}$). Il existe une constante $C > 0$ ayant la propriété suivante.

Soit $(t_n)_{n \geq n_0}$ une suite croissante de nombres réels, telle que

$$\lim_{n \to +\infty} t_n = +\infty \ , \quad \text{et} \quad t_{n+1} \leqslant 2t_n \quad \text{pour tout } n \geqslant n_0 .$$

On suppose qu'il existe une suite $(\xi_n)_{n \geq n_0}$ d'éléments non nuls de K tels que

$$\operatorname{Log}|\xi_n| \leqslant - C t_n^2 \ ,$$

<u>et</u>

$$t(\xi_n) \leqslant t_n ,$$

<u>pour tout entier</u> $n \geqslant n_0$.

<u>Alors le degré de transcendance de</u> K <u>sur</u> $\mathbb{Q}$ <u>est supérieur ou égal à</u> 2.

<u>Démonstration du corollaire</u> 5.1.4

Soit $(x_1,\ldots,x_q,y)$ le système générateur de K sur $\mathbb{Q}$ permettant de définir la taille t . Pour $n \geqslant n_0$, soit $\partial_n = d(\xi_n)$ le dénominateur de ξ_n , et π_n la norme (de K sur $\mathbb{Q}(x_1,\ldots,x_q)$) de $\partial_n\xi_n$. D'après 4.2.8 et 4.2.20, il existe deux constantes positives c_1 et c_2 , ne dépendant que de $x_1,\ldots,x_q,y$, telles que

$$t(\pi_n) \leqslant c_1 t(\partial_n\xi_n) \leqslant c_2 t(\xi_n) \leqslant c_2 t_n ,$$

et

$$\mathrm{Log}|\pi_n| \leqslant \mathrm{Log}|\partial_n\xi_n| + c_1 t(\partial_n\xi_n) \leqslant \mathrm{Log}|\xi_n| + c_2 t_n .$$

On choisit

$$C = 10c_2^2 + 1 .$$

Soit $n_1 \geqslant n_0$ tel que $t_{n_1} \geqslant c_2$; pour $n \geqslant n_1$, on a

$$t(\pi_n) \leqslant c_2 t_n ,$$

et

$$\mathrm{Log}|\pi_n| \leqslant -10c_2^2 t_n^2 .$$

Or π_n est un élément non nul de $\mathbb{Z}[x_1,\ldots,x_q]$; on a évidemment $q \neq 0$ (puisque $|\pi_n| < 1$, donc $\pi_n \notin \mathbb{Z}$), et le théorème 5.1.1 (avec $\gamma_n = \delta_n = c_2 t_n$, $c = d = 2$) montre que l'on a aussi $q \neq 1$. D'où $q \geqslant 2$.

§5.2 Principe de la démonstration du critère

Soit $P \in \mathbb{Z}[X]$ un polynôme non nul ; notons $\alpha_1,\ldots,\alpha_h$ les racines distinctes de P , et $r_1,\ldots,r_h$ leur ordre de multiplicité :

$$P = a_n \prod_{i=1}^{h} (X-\alpha_i)^{r_i} .$$

On constate déjà que les racines $\alpha_1,\ldots,\alpha_h$ sont suffisamment éloignées les unes des autres (le nombre $\alpha_i-\alpha_j$ est algébrique non nul pour $i \neq j$, et on utilise 1.2.3). Soit $\alpha \in \mathbb{C}$ tel que

$$P(\alpha) = a_n \cdot \prod_{i=1}^{h} (\alpha-\alpha_i)^{r_i}$$

soit très petit. Alors α est proche d'une des racines de P (soit α_1 cette racine), donc assez loin des autres racines. On peut écrire le polynôme minimal de α_1 sur $\mathbb{Z}$ sous la forme

$$Q = b_s \prod_{i=1}^{k} (X-\alpha_i) ,$$

avec $k \leqslant h$. Donc Q^{r_1} divise P , et on constate que $Q(\alpha)^{r_1}$ est à peu près aussi petit que $P(\alpha)$.

Ainsi, à partir d'un polynôme $P \in \mathbb{Z}[X]$ non nul, tel que $P(\alpha)$ soit petit, on peut construire un polynôme irréductible Q tel que Q^{r_1} divise P , et que $Q^{r_1}(\alpha)$ soit petit. Dans l'énoncé du théorème 5.1.1, on est ramené au cas où chaque polynôme P_n est une puissance d'un polynôme irréductible Q_n , soit $P_n = Q_n^{r_n}$.

On considère alors le résultant de P_n et P_{n+1} ; c'est un entier rationnel dont on peut majorer la valeur absolue par 1 (grâce aux majorations 5.1.3 et aux conditions 5.1.2). On en déduit

$$Q_n = Q_{n+1} \qquad \text{pour tout } n \text{ suffisamment grand.}$$

Donc tous les polynômes P_n sont des puissances d'un même polynôme irréductible Q. Il est alors facile de déduire des hypothèses la relation

$$Q(\alpha) = 0 ,$$

qui montre que α est algébrique.

§5.3 Lemmes auxiliaires

Nous utiliserons plusieurs fois le lemme suivant.

Lemme 5.3.1. Soient P et Q deux polynômes non constants de $\mathbb{Z}[X]$, de degré p et q respectivement.

Alors P et Q sont premiers entre eux dans $\mathbb{Z}[X]$ si et seulement si pour tout nombre complexe α on a

(5.3.2) $$(p+q)\, \|P\|^q . \|Q\|^p . \max(|P(\alpha)|, |Q(\alpha)|) \geq 1 .$$

Démonstration

Si P et Q ne sont pas premiers entre eux, ils ont une racine commune α, et l'inégalité (5.3.2) n'est pas vérifiée au point α.

Pour démontrer la réciproque, on considère le résultant R des deux polynômes P et Q : si

$$P = \sum_{i=0}^{p} a_i X^i \quad \text{et} \quad Q = \sum_{j=0}^{q} b_j X^j ,$$

R est le déterminant

$$R = \begin{vmatrix} \overbrace{\begin{matrix} a_p & & \\ a_{p-1} & a_p & \\ \vdots & a_{p-1} & \ddots \\ a_0 & \vdots & a_p \\ & a_0 & a_{p-1} \\ & & \vdots \\ & & a_0 \end{matrix}}^{q} & \overbrace{\begin{matrix} b_q & & \\ b_{q-1} & b_q & \\ \vdots & b_{q-1} & \ddots \\ b_0 & \vdots & b_q \\ & b_0 & b_{q-1} \\ & & \vdots \\ & & b_0 \end{matrix}}^{p} \end{vmatrix} .$$

La valeur de R ne change pas si on remplace la dernière ligne par

$$(\alpha^{q-1}P(\alpha) \ , \ \alpha^{q-2}P(\alpha),\dots,P(\alpha) \ , \ \alpha^{p-1}Q(\alpha) \ , \ \alpha^{p-2}Q(\alpha),\dots,Q(\alpha)) \ ,$$

comme on peut le constater en multipliant la ième ligne de R par α^{p+q-i} et en ajoutant à la dernière ligne la somme des autres. De même, la valeur de R n'est pas modifiée si on remplace la première ligne par

$$(\alpha^{-p}P(\alpha) \ , \ \alpha^{-p-1}P(\alpha),\dots,\alpha^{-p-q+1}P(\alpha) \ , \ \alpha^{-q}Q(\alpha),\dots,\alpha^{-p-q+1}Q(\alpha)) \ ,$$

si $\alpha \neq 0$ (ajouter à la première ligne la ième ligne multipliée par α^{-i}). On utilise la première transformation si $|\alpha| \leqslant 1$, et la deuxième si $|\alpha| > 1$. On développe alors R par rapport à la ligne ainsi modifiée ; pour majorer les cofacteurs, on utilise l'inégalité de Cauchy Schwarz :

$$|\sum_i u_i \ v_i|^2 \leqslant \sum_i |u_i|^2 . \sum_j |v_j|^2 \ ,$$

qui montre que la valeur absolue d'un déterminant est majorée par le produit des normes euclidiennes de ses colonnes (inégalité de Hadamard).

Ainsi

$$|R| \leqslant q \, . \, |P(\alpha)| \, . \, \|P\|^{q-1} \, . \, \|Q\|^p + p \, . \, |Q(\alpha)| \, . \, \|P\|^q \, . \, \|Q\|^{p-1} < (p+q) \, . \, \|P\|^q \, . \, \|Q\|^p \, . \max(|P(\alpha)|,|Q(\alpha)|) \ .$$

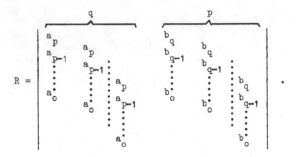

Les polynômes P et Q sont premiers entre eux si et seulement si $R \neq 0$ [Lang, A., chap.V §10], donc si et seulement si $|R| \geq 1$ (puisque $R \in \mathbb{Z}$).

D'où le lemme 5.3.1.

Une application intéressante du lemme 5.3.1 est la suivante

<u>Lemme</u> 5.3.3. <u>Soit</u> $\alpha \in \mathbb{C}$. <u>Soit</u> $P \in \mathbb{Z}[X]$ <u>un polynôme de degré</u> d <u>et de hauteur</u> $H(P) = e^h$. <u>Soient</u> F <u>et</u> G <u>deux diviseurs de</u> P , <u>non nuls et premiers entre eux.</u> <u>Alors on a</u>

$$\max(|F(\alpha)|,|G(\alpha)|) > e^{-d(h+d)} . \tag{5.3.4}$$

<u>Démonstration</u>. On peut supposer F et G non constants (sinon on a trivialement $\max(|F(\alpha)|,|G(\alpha)|) \geq 1 > e^{-d(h+d)}$).

D'après le lemme 5.3.1, on a

$$1 < (f+g)\,\|F\|^g\,\|G\|^f . \max(|F(\alpha)|,|G(\alpha)|) ,$$

où f est le degré de F , et g celui de G . Or on a, d'après le lemme 4.2.14 :

$$\|F\| . \|G\| \leq 2^{d-\frac{1}{2}} . \|P\| ,$$

donc

$$\|F\|^g\|G\|^f \leq (\|F\| . \|G\|)^{d-1} \leq 2^{(d-\frac{1}{2})(d-1)} . \|P\|^{d-1} .$$

On majore alors $\|P\|$ par $(d+1)^{\frac{1}{2}} e^h$, grâce à (1.2.7). On remarque ensuite que $d \geq f+g \geq 2$ entraîne $(1+d)^{\frac{1}{2}} < (\frac{e}{2})^d$, d'où le lemme.

Le lemme suivant montrera que, si $P \in \mathbb{Z}[X]$ prend une valeur très petite en un point $\alpha \in \mathbb{C}$, alors il existe un facteur Q de P , puissance d'un polynôme irréductible, qui prend également une valeur petite en α .

Lemme 5.3.5. Soit $\alpha \in \mathbb{C}$; soit $P \in \mathbb{Z}[X]$ un polynôme de degré $d \geqslant 1$ et de hauteur $H(P) = e^h$. Soient $\lambda_1 \geqslant 3$ et $\lambda_2 \geqslant 3$ deux nombres réels tels que

$$\mathrm{Log}\, |P(\alpha)| \leqslant - d(\lambda_1 h + \lambda_2 d) .$$

Alors il existe un polynôme Q , divisant P , et puissance d'un polynôme irréductible dans $\mathbb{Z}[X]$, tel que

$$(5.3.6) \qquad \mathrm{Log}\, |Q(\alpha)| \leqslant - d((\lambda_1 - 1)h + (\lambda_2 - 1)d) .$$

Démonstration. Le cas $d = 1$ étant trivial, supposons $d \geqslant 2$.

Décomposons P en produit de puissances de polynômes irréductibles de $\mathbb{Z}[X]$:

$$P = aP_1 \ldots P_m , \qquad (\text{où } a \in \mathbb{Z}) ,$$

ordonnés de telle manière que

$$|P_1(\alpha)| \leqslant \ldots \leqslant |P_m(\alpha)| .$$

Pour chaque entier i , $0 \leqslant i \leqslant m$, comparons les deux nombres

$$|a| . \prod_{\ell=1}^{i} |P_\ell(\alpha)| \quad \text{et} \quad \prod_{h=i+1}^{m} |P_h(\alpha)| ,$$

(un produit vide est égal à 1).

Pour $i = m$, on a

$$|P(\alpha)| < 1 ,$$

donc

$$|a| . \prod_{\ell=1}^{m} |P_\ell(\alpha)| < 1 .$$

Pour $i = 0$, on a

$$|a| \geqslant 1 > |P(\alpha)| ,$$

donc

$$|a| > \prod_{h=1}^{m} |P_h(\alpha)| .$$

Il existe donc un entier i , $1 \leqslant i \leqslant m$, tel que

$$|a| . \prod_{\ell=1}^{i-1} |P_\ell(\alpha)| \geqslant \prod_{h=i}^{m} |P_h(\alpha)| ,$$

et

$$|a| \prod_{\ell=1}^{i} |P_\ell(\alpha)| < \prod_{h=i+1}^{m} |P_h(\alpha)| .$$

Utilisons maintenant le lemme 5.3.3, avec

$$F = a . \prod_{\ell=1}^{i-1} P_\ell \quad \text{et} \quad G = \prod_{h=i}^{m} P_h ,$$

puis avec

$$F = a . \prod_{\ell=1}^{i} P_\ell \quad \text{et} \quad G = \prod_{h=i+1}^{m} P_h .$$

On trouve :

$$|a| \prod_{\ell=1}^{i-1} |P_\ell(\alpha)| > e^{-d(h+d)}$$

et

$$\prod_{h=i+1}^{m} |P_h(\alpha)| > e^{-d(h+d)} ,$$

donc

$$|P(\alpha)| = |a| . \prod_{\ell=1}^{i-1} |P_\ell(\alpha)| . |P_i(\alpha)| . \prod_{h=i+1}^{m} |P_h(\alpha)| > |P_i(\alpha)| . e^{-2d(h+d)} ,$$

et par conséquent

$$|P_i(\alpha)| < e^{-(\lambda_1-2)dh-(\lambda_2-2)d^2} .$$

Mais, si $i \neq 1$, le lemme 5.3.3 et l'inégalité

$$|P_1(\alpha)| \leqslant |P_i(\alpha)|$$

entraîneraient

$$- d(h+d) < \mathrm{Log}\ |P_i(\alpha)| < - (\lambda_1-2)hd - (\lambda_2-2)d^2 ,$$

ce qui est impossible $(\lambda_1 \geqslant 3 , \lambda_2 \geqslant 3)$.

Donc $i = 1$, et

$$|a| . |P_1(\alpha)| < \prod_{h=2}^{m} |P_h(\alpha)| .$$

Utilisons encore le lemme 5.3.3 :

$$\mathrm{Log} \prod_{h=2}^{m} |P_h(\alpha)| > - d(h+d) ,$$

d'où

$$|P(\alpha)| > |P_1(\alpha)| . e^{-d(h+d)} ,$$

ce qui démontre (5.3.6), avec $Q = P_1$.

§5.4 Démonstration du critère

Supposons les hypothèses du théorème 5.1.1 vérifiées. Le lemme 5.3.5, avec

$$\lambda_1 = \frac{\delta_n}{\deg P_n} \cdot \frac{\gamma_n}{\mathrm{Log}\, H(P_n)} \cdot (c+d+1) \; , \quad \text{et} \quad \lambda_2 = \left(\frac{\delta_n}{\deg P_n}\right)^2 \cdot (2d+1) \; ,$$

montre que, pour tout entier $n \geqslant n_o$, il existe un polynôme irréductible $Q_n \in \mathbb{Z}[X]$, et un entier rationnel $r_n \geqslant 1$, tels que le polynôme $R_n = Q_n^{r_n}$ divise P_n, avec

(5.4.1) $$\mathrm{Log}|R_n(\alpha)| \leqslant - \delta_n((c+d)\gamma_n + 2d\,\delta_n) \; .$$

Comme R_n divise P_n, le lemme 4.2.14 permet de majorer $\|R_n\|$ par $2^{\delta_n - \frac{1}{2}} \cdot \|P_n\|$; or

$$\|P_n\| \leqslant (1+\delta_n)^{\frac{1}{2}} \cdot e^{\gamma_n} \; ,$$

et

$$2^{\delta_n} \cdot (1+\delta_n)^{\frac{1}{2}} < e^{\delta_n} \; ,$$

dès que $\delta_n \geqslant 2$ (donc dès que n est suffisamment grand, disons $n \geqslant n_1$).

Par conséquent

$$\|R_n\| < \frac{1}{\sqrt{2}} \cdot e^{\gamma_n + \delta_n} .$$

Nous allons utiliser le lemme 5.3.1 pour les deux polynômes R_n et R_{n+1}, avec $n \geqslant n_1$. On a d'une part, grâce à la non décroissance des suites (δ_n) et (γ_n),

$$\max(\mathrm{Log}|R_n(\alpha)|, \mathrm{Log}|R_{n+1}(\alpha)|) \leqslant - \delta_n((c+d)\gamma_n + 2d\,\delta_n) \; ;$$

d'autre part

$$(\delta_n+\delta_{n+1}) \cdot \|R_n\|^{\delta_{n+1}} \cdot \|R_{n+1}\|^{\delta_n} < \frac{\delta_n+\delta_{n+1}}{\sqrt{2}^{\,\delta_n+\delta_{n+1}}} \cdot \exp((\gamma_n+\delta_n)\delta_{n+1} + (\gamma_{n+1}+\delta_{n+1})\delta_n)$$

$$\leqslant e^{(\gamma_n+\delta_n)d\delta_n + (c\gamma_n + d\delta_n)\delta_n} .$$

La relation 5.3.2 n'étant pas vérifiée, les deux polynômes $R_n = Q_n^{r_n}$ et $R_{n+1} = Q_{n+1}^{r_{n+1}}$ ne sont pas premiers entre eux, donc

$$Q_n = Q_{n+1} \quad \text{pour tout} \quad n \geqslant n_1 .$$

Ainsi, pour $n \geqslant n_1$, tous les polynômes Q_n sont égaux à un même polynôme irréductible $Q \in \mathbb{Z}[X]$. Soit $q = \deg Q$.

Comme $Q^{r_n}(\alpha)$ tend vers 0 quand n tend vers l'infini, on a

$$\text{ou bien} \quad Q(\alpha) = 0 \, , \quad \text{ou bien} \quad \lim_{n \to +\infty} r_n = +\infty .$$

Or $\delta_n \geqslant q r_n$ et $\gamma_n \geqslant 0$; donc, grâce à (5.4.1),

$$\operatorname{Log}|Q^{r_n}(\alpha)| = r_n \operatorname{Log}|Q(\alpha)| \leqslant - 2d \, q^2 \, r_n^2 \, ,$$

d'où

$$\operatorname{Log}|Q(\alpha)| \leqslant - 2d \, q^2 \, r_n \, ,$$

ce qui montre que $Q(\alpha) = 0$, donc que α est algébrique, et que $P_n(\alpha) = 0$ pour tout $n \geqslant n_1$.

§5.5 Références

Le premier critère de ce type a été obtenu par Gel'fond en 1949 [Gel'fond, T., chap.III §4 lemme 7]. Il a été repris par Lang en 1965 [Lang, 1965, §6], puis par Tijdeman en 1970 [Tijdeman, 1970b, lemmes 6 et 6']. Ces énoncés ne concernaient que le cas $\gamma_n = \delta_n$; nous verrons au §7 qu'il peut être utile de dissocier ces deux fonctions. La possibilité de séparer γ_n et δ_n est exposée dans [Brownawell, 1971c], et [Waldschmidt, 1971a, §3]. La présentation adoptée ici est essentiellement celle de Brownawell.

Le lemme 5.3.1 est classique ; on en trouvera différentes versions dans [Gel'fond, T., chap.III §4 lemme V], [Lang, T., chap.V §2], [Tijdeman, 1970b, lemme 4], et [Brownawell, 1971c, lemme 1]. On peut trouver des variantes du lemme 5.3.5 dans [Gel'fond, T., chap.III §5 lemmes VI et VI'], [Lang, T., chap.VI, §2, lemme 3], [Tijdeman, 1970b, lemme 5], [Brownawell, 1971c, lemme 3], et [Cijsouw, 1972, lemme 2.14].

Il serait très utile d'étendre le théorème 5.1.1 en un critère d'indépendance algébrique. On souhaiterait par exemple remplacer, dans les hypothèses de 5.1.4, la majoration

$$\text{Log} \, |\xi_n| \leqslant - c \, t_n^2$$

par

$$\text{Log} \, |\xi_n| \leqslant - c \, t_n^q ,$$

et en déduire que le degré de transcendance de K sur $\mathbb{Q}$ est supérieur ou égal à q . Mais cette conjecture, due à Lang, est fausse [Lang, 1965], [Lang, 1971, §10].

EXERCICES

Exercice 5.1.a. On peut démontrer, en utilisant le théorème de Roth, que le nombre

$$\sum_{k=1}^{\infty} 2^{-a^k} ,$$

(a entier $\geqslant 2$) est transcendant. En déduire que la constante c ne peut pas être remplacée par $c(1-\varepsilon)$, pour $\varepsilon > 0$, dans 5.1.3. [Brownawell, 1971c].

Exercice 5.1.b. Soit $\alpha \in \mathbb{C}$. Soient $(\gamma_n)_{n\geqslant 1}$ et $(\delta_n)_{n\geqslant 1}$ deux suites croissantes (au sens large) de nombres réels, telles que $\gamma_n\delta_n$ tende vers $+\infty$ avec n . Soient $(c_n)_{n\geqslant 1}$ et $(d_n)_{n\geqslant 1}$ deux suites de nombres réels, $c_n \geqslant 1$, $d_n \geqslant 1$, $c_n d_n > 1$ pour tout $n \geqslant 1$, avec

$$\gamma_{n+1} \leqslant c_n\gamma_n , \quad \text{et} \quad \delta_{n+1} \leqslant d_n\delta_n , \text{ pour tout } n \geqslant 1 .$$

On suppose qu'il existe une suite $(\xi_n)_{n\geqslant 1}$ de nombres algébriques satisfaisant :

$$\operatorname{Log}|\alpha-\xi_n| \leqslant - \delta_n[(c_n+d_n+1)\gamma_n + 2d_n\delta_n + \operatorname{Log} 3]$$

pour tout entier $n \geqslant 1$. Montrer que α est algébrique, et que $\alpha = \xi_n$ pour tout $n \geqslant 1$.

(Utiliser l'exercice 4.2.f et consulter [Brownawell, 1971c]).

Exercice 5.1.c. Soit α un U-nombre au sens de la classification de Mahler [Schneider, T., chap.III]. On sait qu'il existe une suite de polynômes non nuls deux à deux distincts $P_n \in \mathbb{Z}[X]$ tels que les quotients

$$\frac{-\operatorname{Log}|P_n(\alpha)|}{\operatorname{Log}\|P_n\|}$$

tendent vers $+\infty$ avec n. Montrer que l'on a

$$\limsup \frac{\operatorname{Log}\|P_{n+1}\|}{\operatorname{Log}\|P_n\|} = +\infty .$$

Etablir un résultat analogue pour les U^*-nombres de la classification de Koksma (utiliser l'exercice 5.1.b) [Brownawell, 1971c, §II].

Exercice 5.1.d. Enoncer et démontrer l'analogue du théorème 5.1.1 pour les fonctions rationnelles, ou pour les fonctions algébriques, à la place des polynômes [Lang, 1965, p. 191].

Exercice 5.4.a. Soit α un nombre complexe. Soient $(\gamma_n)_{n\geq 1}$ et $(\delta_n)_{n\geq 1}$ deux suites croissantes de nombres réels, telles que $\gamma_n\delta_n$ tende vers $+\infty$ avec n.

Soient $(c_n)_{n\geq 1}$ et $(d_n)_{n\geq 1}$ deux suites de nombres réels, telles que, pour tout $n \geq 1$, on ait

$$c_n \geq 1 \ , \ d_n \geq 1 \ , \ c_n d_n > 1 \ ;$$

$$\gamma_{n+1} \leq c_n\gamma_n \ ; \ \delta_{n+1} \leq d_n\delta_n \ .$$

On suppose qu'il existe une suite $(P_n)_{n\geq 1}$ de polynômes non nuls de $\mathbb{Z}[X]$, vérifiant

$$\mathrm{Log}\, H(P_n) \leq \gamma_n \ ; \ \deg P_n \leq \delta_n \ ,$$

et

$$\mathrm{Log}|P_n(\alpha)| \leq -\delta_n((c_n+d_n+1)\gamma_n + (2d_n+1)\delta_n) \ ,$$

pour tout $n \geq 1$.

Montrer que α est algébrique, et que

$$P_n(\alpha) = 0 \quad \text{pour tout} \quad n \geq 1 \ .$$

(Pour montrer que, si $\delta_n < 2$, R_n divise R_{n+1} - avec les notations du §5.4 -, on pourra consulter [Brownawell, 1971c]).

Exercice 5.4.b.

1) Soit $\alpha \in \mathbb{C}$; montrer qu'il n'existe pas de suite $(P_n)_{n \geq n_0}$ de polynômes non nuls de $\mathbb{Z}[X]$ vérifiant

$$0 < |P_n(\alpha)| \leq \exp(-6\,n^2) \,.$$

et

$$\max(\deg P_n \,,\, \mathrm{Log}\, H(P_n)) \leq n \,, \quad \text{pour tout } n \geq n_0 \,.$$

(voir la démonstration de [Tijdeman, 1970b, lemme 6]).

2) Montrer que, si α est un nombre transcendant de Liouville, il existe une suite $(P_n)_{n \geq n_0}$ de polynômes de $\mathbb{Z}[X]$ telle que les inégalités

$$0 < |P_n(\alpha)| < e^{-6n^2} \,, \ \deg P_n \leq n \,, \ \mathrm{Log}\, H(P_n) \leq n \,,$$

soient vérifiées pour une infinité d'entiers $n \geq n_0$.

En déduire que le théorème 5.1.1 serait faux sans les hypothèses 5.1.2.

Exercice 5.4.c. Soient $\alpha_1,\dots,\alpha_q$ des nombres complexes algébriquement indépendants; on suppose que le corps $\mathbb{Q}(\alpha_1,\dots,\alpha_q)$ a un type de transcendance $\leqslant \tau$ sur $\mathbb{Q}$. Soient $(\delta_n)_{n\geqslant 1}$ et $(\sigma_n)_{n\geqslant 1}$ deux suites monotones croissantes de nombres positifs, tels que $\sigma_n\delta_n$ tende vers $+\infty$ avec n, et soit $a > 1$ tel que

$$\sigma_{n+1} \leqslant a\,\sigma_n\ ,\quad \delta_{n+1} \leqslant a\,\delta_n \quad \text{pour tout} \quad n \geqslant 1\ .$$

Montrer qu'il existe une constante $c = c(a,\alpha_1,\dots,\alpha_q)$ tel que le résultat suivant soit vrai : soit $\alpha \in \mathbb{C}$; on suppose qu'il existe une suite $(P_n)_{n\geqslant 1}$ de polynômes non nuls de $\mathbb{Z}[X_1,\dots,X_{q+1}]$ de degré total $\leqslant \delta_n$ et de taille $\leqslant \sigma_n$, $(n \geqslant 1)$, telle que

$$\operatorname{Log}|P_n(\alpha,\alpha_1,\dots,\alpha_q)| \leqslant -c.(\delta_n\sigma_n)^{\tau}\ ;$$

alors α est algébrique sur $\mathbb{Q}(\alpha_1,\dots,\alpha_q)$, et

$$P_n(\alpha,\alpha_1,\dots,\alpha_q) = 0 \quad \text{pour tout} \quad n \geqslant 1\ .$$

(Ce résultat est dû à Brownawell ; voir également [Smelev, 1971] . La démonstration de Brownawell paraîtra - probablement dans les Transactions of the A.M.S. - dans son article "Gel'fond's method for algebraic independence" ; on y trouvera également les démonstrations des résultats annoncés dans [Brownawell, 1971 a et b] ; cf. exercices 7.1.c, 7.2.d et 7.3.b).

Exercice 5.4.d. Soient $\tau > 1$ et τ' deux nombres réels, et K un sous-corps de $\mathbb{C}$ de degré de transcendance fini sur $\mathbb{Q}$. On dit que K a un type de transcendance inférieur ou égal à (τ,τ') sur $\mathbb{Q}$ s'il existe une base de transcendance $(x_1,\ldots,x_q)$ de K sur $\mathbb{Q}$ telle que pour tout polynôme non nul $P \in \mathbb{Z}[X_1,\ldots,X_q]$, on ait

$$-t(P)^{\tau}(\mathrm{Log}\ t(P))^{\tau'} \ll \mathrm{Log}|P(x_1,\ldots,x_q)|$$

(cf. exercice 4.5.b).

1) Généraliser l'exercice 5.4.c aux extensions de $\mathbb{Q}$ de type de transcendance inférieur ou égal à (τ,τ') (on remplacera l'inégalité

$$\mathrm{Log}|P_n(\alpha,\alpha_1,\ldots,\alpha_q)| \leqslant -c(\delta_n\sigma_n)^{\tau}$$

par

$$\mathrm{Log}|P_n(\alpha,\alpha_1,\ldots,\alpha_q)| \leqslant -c(\delta_n\sigma_n)^{\tau}(\mathrm{Log}\ \sigma_n)^{\tau'}) .$$

2) En déduire le résultat suivant. Soit K un sous-corps de $\mathbb{C}$ de type de transcendance inférieur ou égal à (τ,τ') sur $\mathbb{Q}$, et de type fini sur $\mathbb{Q}$. Soit L une extension de K de type fini. Soit t une taille sur L. Il existe une constante $c > 0$ ayant la propriété suivante. Soit $(t_n)_{n\geqslant n_0}$ une suite croissante de nombres réels telle que

$$\lim_{n\to+\infty} t_n = +\infty \quad , \quad \text{et} \quad t_{n+1} \leqslant 2t_n \quad \text{pour tout } n \geqslant n_0 .$$

On suppose qu'il existe une suite $(\xi_n)_{n\geqslant n_0}$ d'éléments non nuls de L tels que

$$\mathrm{Log}|\xi_n| \leqslant -c\ t_n^{2\tau}(\mathrm{Log}\ t_n)^{\tau'} ,$$

et

$$t(\xi_n) \leqslant t_n ,$$

pour tout entier $n \geqslant n_o$.

Alors le degré de transcendance de L sur K est supérieur ou égal à 2.

CHAPITRE 6

Zéros de polynômes exponentiels

Nous avons vu apparaître, dans chacune des démonstrations de transcendance concernant la fonction exponentielle, des fonctions du type :

$$F(z) = \sum_{h=1}^{\ell} P_h(z)e^{w_h z} ,$$

où $P_1,\ldots,P_\ell$ sont des polynômes de $\mathbb{C}[X]$, et $w_1,\ldots,w_\ell$ sont des nombres complexes. Pour qu'une telle fonction F ne soit pas identiquement nulle, il suffit, d'après (1.4.2), que les polynômes $P_1,\ldots,P_\ell$ ne soient pas tous nuls, et que les nombres $w_1,\ldots,w_\ell$ soient deux à deux distincts. Nous allons majorer, dans ce cas, le nombre de zéros de F dans un disque $|z| \leqslant \rho$. Il est clair que ce nombre $n(f,\rho)$ doit dépendre

1) de ρ (comme le montrent les fonctions $\sin z$ et $\cos z$) ;

2) de $\Omega = \max_{1\leqslant h\leqslant \ell} |w_h|$ (considérer, par exemple, les zéros de $\sin \lambda z$, $\lambda > 0$ réel, dans le disque $|z| \leqslant 1$) ;

3) de $n = \sum_{h=1}^{\ell} 1 + \deg P_h$ (étudier le cas de la fonction

$$(e^{\frac{z}{m}} - 1)^m \quad , \quad m > 0 \text{ entier }).$$

Nous verrons que ces trois quantités

$$\rho \ , \ \Omega = \max_{1\leqslant h\leqslant \ell} |w_h| \ , \ n = \sum_{h=1}^{\ell} \deg P_h$$

suffisent pour majorer $n(F,\rho)$.

§6.1 Enoncé du théorème, et principes de la démonstration

Théorème 6.1.1. Soient $p_1,\dots,p_\ell$ des nombres entiers positifs, $b_{k,j}$, $(1 \leqslant j \leqslant p_k\ ,\ 1 \leqslant k \leqslant \ell)$ des nombres complexes non tous nuls, $w_1,\dots,w_\ell$ des nombres complexes deux à deux distincts, et $\rho > 0$ un nombre réel. On note

$$\Omega = \max_{1\leqslant k\leqslant \ell} |w_k|\ ,\ \text{et}\ \ n = \sum_{k=1}^{\ell} p_k\ .$$

Alors le nombre $n(F,\rho)$ de zéros, dans le disque $|z| \leqslant \rho$, de la fonction

$$z \mapsto F(z) = \sum_{k=1}^{\ell} \sum_{j=1}^{p_k} b_{k,j}\, z^{j-1} e^{w_k z} \tag{6.1.2}$$

est majoré par

$$n(F,\rho) \leqslant 2(n-1)+5\rho\Omega\ . \tag{6.1.3}$$

Il est facile, en utilisant la formule (1.5.3) de Jensen, de majorer (lemme 6.2.1) le nombre de zéros, dans un disque $|z| \leqslant \rho$, d'une fonction entière non nulle f, en fonction du quotient

$$\frac{|f|_{R_2}}{|f|_{R_1}}\ ,$$

où $R_2 > R_1 > 0$, et $R_2 > \rho$. Le problème est donc de majorer

$$\frac{|F|_{R_2}}{|F|_{R_1}}$$

pour la fonction F définie par (6.1.2). On utilisera les propriétés particulières de la fonction exponentielle sous la forme suivante : pour $1 \leqslant j \leqslant p_k$, $1 \leqslant k \leqslant \ell$, $1 \leqslant i \leqslant n$, on a

$$\frac{d^{i-1}}{dz^{i-1}}\left(z^{j-1} e^{w_k z}\right)_{z=0} = \frac{d^{j-1}}{dz^{j-1}}\left(z^{i-1}\right)_{z=w_k}\ , \tag{6.1.4}$$

les deux membres étant égaux à

$$\begin{cases} \frac{(i-1)!}{(i-j)!} w_k^{i-j} & , \text{ si } i \geqslant j , \\ 0 & , \text{ si } i < j \end{cases}$$

On en déduit aisément (6.4.2) que, pour tout $u \in \mathbb{C}$, on a

$$F(u) = \sum_{i=1}^{n} a_i \frac{d^{i-1}}{dz^{i-1}} F(0) ,$$

où $a_1, \ldots, a_n$ sont les nombres complexes tels que le polynôme

$$P(z) = \sum_{i=1}^{n} a_i z^{i-1}$$

vérifie

$$\frac{d^{j-1}}{dz^{j-1}} P(w_k) = \frac{d^{j-1}}{dz^{j-1}} (e^{zu})_{z=w_k} , \ 1 \leqslant j \leqslant p_k \ (1 \leqslant k \leqslant \ell) .$$

On obtient l'existence de P, ainsi qu'une majoration des a_h, en utilisant une formule d'interpolation (6.3.1). Il ne reste plus qu'à utiliser les inégalités de Cauchy

$$(6.1.5) \qquad \max_{1 \leqslant i \leqslant n} \frac{R_1^{i-1}}{(i-1)!} \left| \frac{d^{i-1}}{dz^{i-1}} F(0) \right| \leqslant |F|_{R_1} ,$$

pour en déduire la majoration voulue de

$$\frac{|F|_{R_2}}{|F|_{R_1}} .$$

§6.2 Majoration du nombre de zéros d'une fonction holomorphe

Lemme 6.2.1. Soient R_1 , R_2 , ρ trois nombres réels, vérifiant

$$R_2 > R_1 > 0 \quad , \quad \text{et} \quad R_2 \geqslant \rho > 0 .$$

Soit f une fonction holomorphe dans un ouvert contenant le disque fermé $|z| \leqslant R_2$. Si f n'est pas identiquement nulle dans le disque $|z| \leqslant R_2$, alors le nombre $n(f,\rho)$ de zéros de f dans le disque $|z| \leqslant \rho$ vérifie

$$n(f,\rho)\ \mathrm{Log}\left(\frac{R_2^2-R_1\rho}{R_2(R_1+\rho)}\right) \leqslant \mathrm{Log}\ \frac{|f|_{R_2}}{|f|_{R_1}} .$$

Démonstration

Notons $z_1,\dots,z_\sigma$ les zéros de f dans le disque $|z| \leqslant \rho$ (avec $\sigma = n(f,\rho)$).

La fonction

$$g(z) = f(z) . \prod_{j=1}^{\sigma} \frac{R_2^2-z\bar{z}_j}{R_2(z-z_j)}$$

est holomorphe dans un ouvert contenant $|z| \leqslant R_2$, donc

$$|g|_{R_1} \leqslant |g|_{R_2} ;$$

or

$$|g|_{R_2} = |f|_{R_2} ,$$

et

$$|g|_{R_1} \geqslant |f|_{R_1} . \left(\frac{R_2^2-R_1\rho}{R_2(R_1+\rho)}\right)^{\sigma} ,$$

d'où le résultat.

§6.3 Une formule d'interpolation

Nous voulons montrer, avec les notations du théorème 6.1.1, que pour tout $u \in \mathbb{C}$, il existe un polynôme $P \in \mathbb{C}[X]$, vérifiant

$$\frac{d^{j-1}}{dz^{j-1}} P(w_k) = u^{j-1} e^{w_k u} \quad , \ 1 \leqslant j \leqslant p_k \ (1 \leqslant k \leqslant \ell) \ .$$

De plus, nous voulons majorer les coefficients de P .

Lemme 6.3.1. Soient $p_1,\ldots,p_\ell$ des nombres entiers positifs, $w_1,\ldots,w_\ell$ des nombres complexes deux à deux distincts, et u un nombre complexe. On note

$$n = p_1+\ldots+p_\ell \quad \text{et} \quad \Omega = \max_{1\leqslant h\leqslant \ell} |w_h| \ .$$

Il existe un polynôme et un seul

$$P = \sum_{i=1}^{n} a_i X^{i-1} \in \mathbb{C}[X] \ ,$$

de degré inférieur à n , vérifiant les n conditions

$$(6.3.2) \qquad \frac{d^{j-1}}{dz^{j-1}} P(w_k) = \frac{d^{j-1}}{dz^{j-1}} (e^{uz})_{z=w_k} \quad , \quad (1 \leqslant j \leqslant p_k \ , \ 1 \leqslant k \leqslant \ell) \ .$$

De plus, on a

$$(6.3.3) \qquad \sum_{i=1}^{n} (i-1)!\,|a_i| \leqslant e^{\Omega(|u|+1)} \cdot \sum_{i=1}^{n} |u|^{i-1}$$

Démonstration

L'unicité est évidente. Pour démontrer l'existence de P , on note

$$(\alpha_1,\ldots,\alpha_n)$$

la suite

$$(w_1,\ldots,w_1,w_2,\ldots,w_2,\ldots,w_\ell,\ldots,w_\ell) \ ,$$

où chaque w_k est répété p_k fois $(1 \leqslant k \leqslant \ell)$.

Soit Γ un cercle dont l'intérieur D contient tous les points $\alpha_1,\dots,\alpha_n$. Soient $t \in D$, et $z \in \Gamma$. En écrivant l'identité

$$\frac{1}{z-t} = \frac{1}{z-\alpha_i} + \frac{t-\alpha_i}{z-\alpha_i} \cdot \frac{1}{z-t}$$

pour $1 \leqslant i \leqslant n$, on obtient :

$$(6.3.4) \qquad \frac{1}{z-t} = \sum_{i=1}^{n} \frac{\prod\limits_{s<i} (t-\alpha_s)}{\prod\limits_{s\leqslant i} (z-\alpha_s)} + \frac{\prod\limits_{s\leqslant n} (t-\alpha_s)}{(z-t)\prod\limits_{s\leqslant n} (z-\alpha_s)} ,$$

où un produit vide est, comme d'habitude, égal à 1. On multiplie (6.3.4) par $\frac{1}{2i\pi} e^{zu}$, et on intègre sur Γ :

$$e^{tu} = \sum_{i=1}^{n} c_i \prod_{s<i} (t-\alpha_s) + R_n(t) ,$$

où

$$(6.3.5) \qquad c_i = \frac{1}{2i\pi} \int_\Gamma \frac{e^{zu}\,dz}{\prod\limits_{s\leqslant i} (z-\alpha_s)} , \quad 1 \leqslant i \leqslant n ,$$

et

$$R_n(t) = \Big(\prod_{s\leqslant n} (t-\alpha_s)\Big) \cdot \frac{1}{2i\pi} \int_\Gamma \frac{e^{zu}\,dz}{(z-t)\prod\limits_{s\leqslant n} (z-\alpha_s)} .$$

Comme R_n est une fonction entière qui admet les zéros $\alpha_1,\dots,\alpha_n$, le polynôme

$$(6.3.6) \qquad P(t) = \sum_{i=1}^{n} c_i \prod_{s<i} (t-\alpha_s)$$

vérifie (6.3.2).

Une majoration grossière des coefficients $c_1,\dots,c_n$ pourrait être obtenue en choisissant pour Γ le cercle de centre 0 et de rayon $\Omega+1$; alors la représentation intégrale (6.3.5) donnerait

$$|c_i| \leqslant (\Omega+1)\, e^{|u|(\Omega+1)} , \quad (1 \leqslant i \leqslant n) .$$

Mais on peut montrer un peu mieux :

$$(6.3.7) \qquad |c_i| \leqslant \frac{|u|^{i-1}}{(i-1)!} e^{|u|\Omega} \quad , \quad (1 \leqslant i \leqslant n) .$$

Pour cela, on développe en série

$$\prod_{s=1}^{i} (z-\alpha_s)^{-1}$$

sous la forme

$$\sum_{r=0}^{\infty} A_{r,i} \, z^{-(r+i)} ,$$

où $A_{r,i}$ est la somme de tous les $\binom{r+i-1}{r}$ produits

$$\alpha_1^{r_1} \ldots \alpha_i^{r_i} \quad , \quad (r_1 + \ldots + r_i = r \ , \ r_1, \ldots, r_i \text{ entiers} \geqslant 0) .$$

On aura donc

$$|A_{r,i}| \leqslant \binom{r+i-1}{r} \Omega^r \quad , \quad (r \geqslant 0 \ , \ 1 \leqslant i \leqslant n) .$$

D'autre part on déduit de (6.3.5) :

$$c_i = \sum_{r=0}^{\infty} \frac{u^{r+i-1}}{(r+i-1)!} A_{r,i} ,$$

ce qui démontre (6.3.7).

Il ne reste plus qu'à majorer les coefficients $a_1, \ldots, a_n$ de P ; on a

$$a_i = \frac{1}{(i-1)!} \frac{d^{i-1}}{dz^{i-1}} P(0) = \frac{1}{(i-1)!} \sum_{g=1}^{n} c_g \cdot \frac{d^{i-1}}{dz^{i-1}} \Big(\prod_{s<g} (z-\alpha_s) \Big)_{z=0} ;$$

or

$$\left| \frac{d^{i-1}}{dz^{i-1}} \Big(\prod_{s<g} (z-\alpha_s) \Big)_{z=0} \right| \leqslant \frac{d^{i-1}}{dz^{i-1}} \Big(\prod_{s<g} (z+\Omega) \Big)_{z=0} ,$$

d'où

$$(i-1)! \, |a_i| \leqslant e^{|u|\Omega} . \sum_{g=i}^{n} |u|^{g-1} \frac{\Omega^{g-i}}{(g-i)!} .$$

On majore enfin $\sum_{i=1}^{g} \frac{\Omega^{g-i}}{(g-i)!}$ par e^{Ω}, d'où la relation (6.3.3).

§6.4 Démonstration du théorème 6.1.1

Les hypothèses étant celles du théorème 6.1.1, on note

$$P_h(z) = \sum_{j=1}^{p_h} b_{h,j}\; z^{j-1} \quad , \quad (1 \leqslant h \leqslant \ell) .$$

Soit $u \in \mathbb{C}$, et soit

$$P(z) = \sum_{i=1}^{n} a_i\; z^{i-1} \in \mathbb{C}[z]$$

le polynôme, défini au §6.3, vérifiant

$$(6.4.1) \quad \frac{d^{j-1}}{dz^{j-1}} P(w_k) = \frac{d^{j-1}}{dz^{j-1}}(e^{uz})_{z=w_k} = u^{j-1}e^{w_k u} \quad , \quad (1 \leqslant j \leqslant p_k \,,\; 1 \leqslant k \leqslant \ell) .$$

Nous allons démontrer la relation

$$(6.4.2) \qquad F(u) = \sum_{i=1}^{n} a_i \frac{d^{i-1}}{dz^{i-1}} F(0) .$$

En effet, on a

$$\frac{d^{i-1}}{dz^{i-1}} F(0) = \sum_{k=1}^{\ell} \sum_{j=1}^{p_k} b_{k,j} \frac{d^{i-1}}{dz^{i-1}}(z^{j-1}e^{w_k z})_{z=0} = \sum_{k=1}^{\ell} \sum_{j=1}^{p_k} b_{k,j} \frac{d^{j-1}}{dz^{j-1}}(z^{i-1})_{z=w_k} ,$$

grâce à (6.1.4).

D'autre part, en utilisant (6.4.1), on obtient

$$F(u) = \sum_{k=1}^{\ell} \sum_{j=1}^{p_k} b_{k,j} \frac{d^{j-1}}{dz^{j-1}} P(w_k) = \sum_{i=1}^{n} a_i \sum_{k=1}^{\ell} \sum_{j=1}^{p_k} b_{k,j} \frac{d^{j-1}}{dz^{j-1}}(z^{i-1})_{z=w_k} ;$$

on déduit facilement (6.4.2) de ces deux relations. La majoration (6.3.3) conduit alors à l'inégalité

$$(6.4.3) \qquad |F(u)| \leqslant e^{\Omega(|u|+1)} . \sum_{i=1}^{n} |u|^{i-1} . \max_{1 \leqslant g \leqslant n} \frac{1}{(g-1)!} \left| \frac{d^{g-1}}{dz^{g-1}} F(0) \right| .$$

Soit $R_1 > 0$; la fonction

$$G(z) = \sum_{k=1}^{\ell} P_k(zR_1)\; e^{w_k R_1 z}$$

est un polynôme exponentiel, et on a

$$G(u) = F(R_1 u) \quad \text{pour tout} \quad u \in \mathbb{C} ,$$

donc

$$|G|_1 = \sup_{|u|=1} |G(u)| = |F|_{R_1} .$$

Utilisons l'inégalité (6.4.3) pour la fonction G :

$$|G(u)| \leqslant e^{R_1 \Omega(|u|+1)} . \sum_{i=1}^{n} |u|^{i-1} . |G|_1 ,$$

grâce aux inégalités (6.1.5) de Cauchy.

Donc

$$|F(R_1 u)| \leqslant e^{R_1 \Omega(|u|+1)} . \sum_{i=1}^{n} |u|^{i-1} |F|_{R_1} \quad \text{pour tout} \quad u \in \mathbb{C} .$$

On obtient ainsi, pour tout $R_1 > 0$ et tout $R_2 > 0$,

$$\mathrm{Log} \frac{|F|_{R_2}}{|F|_{R_1}} \leqslant (R_1 + R_2)\Omega + \mathrm{Log} \frac{R_2^n - R_1^n}{R_1^{n-1}(R_2 - R_1)} .$$

On choisit $R_2 > R_1$, et on majore

$$\mathrm{Log} \frac{R_2^n - R_1^n}{R_1^{n-1}(R_2 - R_1)}$$

par

$$(n-1)\mathrm{Log} \frac{R_2}{R_1} + \mathrm{Log} \frac{R_2}{R_2 - R_1} \leqslant (n-1)\mathrm{Log} \frac{R_2}{R_1} + \frac{R_1}{R_2 - R_1} .$$

On utilise ensuite 6.2.1 :

(6.4.5) $$n(F,\rho)\ \mathrm{Log}\left(\frac{R_2^2 - R_1 \rho}{R_2(R_1+\rho)}\right) \leqslant (n-1)\mathrm{Log} \frac{R_2}{R_1} + (R_1 + R_2)\Omega + \frac{R_1}{R_2 - R_1} ,$$

pour tout $R_1 > 0$, $R_2 > R_1$ (avec $R_2 > \rho$).

En posant

$$\gamma = \frac{R_2}{R_1} \quad \text{et} \quad \mu = \frac{R_2^2 - R_1 \rho}{R_2(R_1 + \rho)} ,$$

on a

$$R_1 = \rho \cdot \frac{1+\gamma\mu}{\gamma(\gamma-\mu)} ,$$

et on obtient finalement le résultat suivant, beaucoup plus précis que (6.1.3) :

<u>pour tous réels</u> γ <u>et</u> μ <u>vérifiant</u> $\gamma > \mu > 0$ <u>et</u> $\gamma > 1$, <u>on a</u>

$$n(F,\rho) \leqslant \frac{1}{\operatorname{Log} \mu} \left((n-1)\operatorname{Log} \gamma + \frac{(\gamma\mu+1)(\gamma+1)}{\gamma(\gamma-\mu)} \rho\Omega + \frac{1}{\gamma-1}\right) . \tag{6.4.6}$$

Pour obtenir (6.1.3), on choisit par exemple

$$\gamma = 18 \quad , \quad \mu = \frac{9}{2} ,$$

et on majore

$$\frac{1}{\operatorname{Log} \mu} \left(\operatorname{Log} \gamma + \frac{1}{\gamma-1}\right) \quad \text{par} \quad 2 ,$$

et

$$\frac{(\gamma\mu+1)(\gamma+1)}{\gamma(\gamma-\mu)\operatorname{Log} \mu} \quad \text{par} \quad 5 .$$

On remarque enfin que, pour $n = 1$, on a $n(F,\rho) = 0$.

L'inégalité (6.4.6) montre également que le nombre de zéros de F dans un carré du plan complexe de côté $L > 0$ (et de centre quelconque) est majoré par

$$2(n-1) + 3 L \Omega .$$

Enfin, si on applique cette majoration au polynôme exponentiel $F(z)-z_0$, z_0 étant un nombre complexe, on en déduit une majoration du nombre de solutions z de l'équation $F(z) = z_0$, dans un carré ou dans un disque de $\mathbb{C}$.

§6.5 Références

Dès 1873, Hermite, pour démontrer la transcendance du nombre e, étudiait l'ordre du zéro $z = 0$ d'un polynôme exponentiel (voir à ce sujet [Siegel, T.]). En liaison avec des problèmes d'indépendance algébrique, Gel'fond, en 1949 [Gel'fond, T., chap.III §4 lemme III] puis Mahler en 1965 obtenaient des majorations du nombre de zéros de fonctions du type (6.1.2), en fonction des quatre quantités

$$\rho\ ,\ \Omega\ ,\ n\ \text{ et } \ \Delta = \min_{i\neq j} |w_i - w_j|\ .$$

On peut voir très simplement pourquoi une telle majoration existe. On peut évidemment supposer

$$\max_{k,j} |b_{k,j}| = 1\ .$$

Comme le déterminant de la matrice

$$M = \left(\frac{d^{i-1}}{dz^{i-1}} (z^{j-1} e^{w_k z})_{z=0}\right)_{(i),(j,k)}\ ,$$

(avec $1 \leqslant i \leqslant n$, et $1 \leqslant k \leqslant \ell$, $1 \leqslant j \leqslant p_k$), est non nul, les n relations

$$\frac{d^{i-1}}{dz^{i-1}} F(0) = \sum_{k=1}^{\ell} \sum_{j=1}^{p_k} b_{k,j} \frac{d^{i-1}}{dz^{i-1}} (z^{j-1} e^{w_k z})_{z=0}\ , \quad (1 \leqslant i \leqslant n)\ ,$$

forment un système de Cramer, ce qui permet d'exprimer les nombres $b_{k,j}$ comme fonctions linéaires de $F(0)$, $F'(0), \ldots, \frac{d^{n-1}}{dz^{n-1}}F(0)$:

$$b_{k,j} = \sum_{i=1}^{n} \lambda_{k,j,i} F^{(i-1)}(0)\ , \quad (1 \leqslant k \leqslant \ell\ ,\ 1 \leqslant j \leqslant p_k)\ .$$

Le calcul des cofacteurs du déterminant de M permettent de majorer les nombres complexes $\lambda_{k,j,i}$, en fonction de Ω, n et Δ, et le principe du maximum fournit une minoration des nombres $\frac{d^{i-1}}{dz^{i-1}}F(0)$, $(1 \leqslant i \leqslant n)$, en fonction du nombre $n(F,\rho)$ de zéros de F dans un disque $|z| \leqslant \rho$. On obtient ainsi, à partir de la relation

$$1 \leqslant \max_{k,j} \sum_{i=1}^{n} |\lambda_{k,j,i}| . \left| \frac{d^{i-1}}{dz^{i-1}} F(0) \right| ,$$

une majoration de $n(F,\rho)$.

De nouveaux outils ont été développés par Turan en 1953, puis raffinés par Dancs et Turan, Coates, Van der Poorten. En 1959, Turan posa le problème de l'existence d'une telle majoration indépendante de Δ. Cette conjecture a été résolue par Tijdeman dans sa thèse en 1969 [Tijdeman, 1969, chap.VI, VII] (une autre majoration, obtenue indépendamment, se trouve dans le lemme 3 de [Waldschmidt, 1971a]). La démonstration présentée ici est celle de Tijdeman [Tijdeman, 1970a] et [Tijdeman Balkema 1970] (avec une légère amélioration au lemme 6.2.1, où Tijdeman obtient seulement

$$n(f,\rho) \mathrm{Log}\left(\frac{R_2-R_1}{R_1+\rho}\right) \leqslant \mathrm{Log} \frac{|f|_{R_2}}{|f|_{R_1}} ,$$

[Tijdeman, 1970a, lemme 1]).

On trouvera, dans les articles de Tijdeman, une bibliographie plus complète.

Il serait très intéressant d'étendre les résultats de ce chapitre à d'autres fonctions que la fonction exponentielle, par exemple les fonctions elliptiques (comme ce sont des fonctions d'ordre $\leqslant 2$, il faudrait remplacer R au moins par R^2). Un tel résultat n'est pas encore connu, mais il aurait d'intéressantes applications.

EXERCICES

Exercice 6.1.a. Soient $b_{k,j}$ $(1 \leqslant k \leqslant \ell\ ,\ 1 \leqslant j \leqslant p_k)$ des nombres réels non tous nuls, et $w_1,\dots,w_\ell$ des nombres réels deux à deux distincts. Montrer que le nombre de zéros réels de la fonction

$$z \mapsto \sum_{k=1}^{\ell} \sum_{j=1}^{p_k} b_{k,j}\ z^{j-1}\ e^{w_k z}$$

est inférieur ou égal à $n-1$ (où $n = p_1+\dots+p_\ell$). (Reprendre la démonstration de 1.4.2, et faire la démonstration par récurrence sur ℓ , en utilisant le théorème de Rolle sous la forme suivante : si une fonction définie et indéfiniment dérivable sur un intervalle ouvert I de $\mathbb{R}$, possède au moins n zéros sur I , et si m est un entier, $0 \leqslant m \leqslant n-1$, la fonction $\frac{d^m}{dx^m} f$ possède au moins $n-m$ zéros sur I) [Gel'fond Linnik, 1962].

En déduire que, si $x_1,\dots,x_r$ (resp. $w_1,\dots,w_q$) sont des nombres réels deux à deux distincts, et $s_1,\dots,s_r$, $p_1,\dots,p_q$ sont des nombres entiers positifs ou nuls, le déterminant de la matrice

$$\left(\frac{d^{s-1}}{dx^{s-1}}(x^{p-1}e^{w_i x})_{x=x_j}\right)_{(s,j),(p,i)}$$

(avec $(1 \leqslant s \leqslant s_j\ ,\ 1 \leqslant j \leqslant r)$, $(1 \leqslant p \leqslant p_i\ ,\ 1 \leqslant i \leqslant q)$, $s_1+\dots+s_r = p_1+\dots+p_q$) est non nul.

Exercice 6.1.b. Soient $P_1,\dots,P_\ell$ des polynômes non nuls, de degré strictement inférieur à $p_1,\dots,p_\ell$ respectivement. On note

$$n = p_1+\dots+p_\ell .$$

Soient $w_1,\dots,w_\ell$, $x_0,\dots,x_{n+1}$ des nombres complexes tels que

$$x_i \neq x_j \quad \text{pour} \quad 1 \leqslant i < j \leqslant n+1 ,$$

et

$$e^{w_h x_i} \neq e^{w_k x_i} \quad \text{pour} \quad 1 \leqslant h < k \leqslant m \quad \text{et} \quad 0 \leqslant i \leqslant n+1 .$$

Soit F la fonction

$$z \mapsto \sum_{h=1}^{\ell} P_h(z)\, e^{w_h z} .$$

Montrer que l'un au moins des nombres

$$F(x_i + jx_0) \quad , \quad 1 \leqslant i \leqslant n+1 \; , \; 1 \leqslant j \leqslant \ell ,$$

est non nul.

(Schneider a utilisé ce résultat, dans le cas où les nombres w_h sont des multiples entiers de $\ell = \text{Log}\, a$, et où les nombres x_i sont de la forme $\lambda+\mu b$, λ et μ entiers, pour démontrer que a^b est transcendant ; voir [Schneider, 1934] et [Siegel, T., chap.III §1].

Indication : considérer le terme de plus haut degré du déterminant

$$|P_h(X+kx_0)e^{w_h k x_0}|_{(h,k)} \in \mathbb{C}[X] ,$$

où $1 \leqslant h \leqslant \ell$, $1 \leqslant k \leqslant \ell$).

Exercice 6.1.c. Soient $w_1,\dots,w_\ell$ des nombres complexes deux à deux distincts.

1) Soient $p_1,\dots,p_\ell$ des nombres entiers positifs, et soit Δ le déterminant de la matrice

$$\left(x^{j-1}e^{w_k x}\right)_{(0\leqslant x\leqslant n-1);(1\leqslant k\leqslant \ell,\ 1\leqslant j\leqslant p_k)},$$

avec $n = p_1+\dots+p_\ell$.

Vérifier l'égalité

$$\Delta = \left(\prod_{k=1}^{\ell}\prod_{j=1}^{p_k}(j-1)!\right).\left(\prod_{h=1}^{\ell} e^{\frac{1}{2}w_h p_h(p_h-1)}\right).\left(\prod_{k=2}^{\ell}\prod_{\lambda=1}^{k-1}(e^{w_k}-e^{w_\lambda})^{p_k p_\lambda}\right)$$

(voir [Feldman, 1968a, lemme 5]).

2) Soient $\pi_1,\dots,\pi_p$ des polynômes de $\mathbb{C}[X]$, $\mathbb{C}$-linéairement indépendants, de degré $\leqslant p-1$. Soit $T\in\mathbb{C}$, $T\neq 0$. Montrer que le déterminant de la matrice

$$\left(\pi_j(Tx)e^{w_k x}\right)_{(0\leqslant x\leqslant p\ell-1);(1\leqslant j\leqslant p,\ 1\leqslant k\leqslant \ell)},$$

est non nul

[Feldman, 1968b, lemme 7].

3) En déduire que, si $\ell_1,\dots,\ell_h$ sont des nombres complexes tels que

$$2i\pi,\ \ell_1,\dots,\ell_h$$

soient $\mathbb{Q}$-linéairement indépendants, et si

$$P\in\mathbb{C}[X_0,\dots,X_h]$$

est un polynôme non nul de degré $\leqslant p_i-1$ par rapport à X_i $(0\leqslant i\leqslant h)$, alors l'un des nombres

$$P(x,e^{\ell_1 x},\dots,e^{\ell_h x}),\quad (x=0,1,\dots,p_0\dots p_h-1),$$

est non nul.

Exercice 6.1.d. Avec les notations du théorème 6.1.1, construire une fonction F du type (6.1.2), non polynomiale, et admettant les zéros

$$1,\dots,n-1 ,$$

avec

$$w_k - w_h \notin 2i\pi\,\mathbb{Z} \quad (1 \leqslant k \leqslant \ell,\ 1 \leqslant h \leqslant \ell,\ k \neq h).$$

(Utiliser l'exercice 6.1.c).

Exercice 6.1.e

Soient $b_{k,h}$ $(1 \leqslant k \leqslant p,\ 1 \leqslant h \leqslant \ell)$ des nombres complexes

1) Soit α un nombre complexe irrationnel.

Exprimer les coefficients $b_{k,h}$ comme combinaisons linéaires des $p\ell$ nombres

$$\sum_{h=1}^{\ell} \sum_{k=1}^{p} b_{k,h} \exp[(k+h\alpha)(u+\frac{v}{p})2i\pi]\ ,\ (0 \leqslant u \leqslant \ell-1\ ,\ 0 \leqslant v \leqslant p-1)\ .$$

[Feldman, 1964, lemme 1].

2) Soit F la fonction définie par

$$F(z) = \sum_{h=1}^{\ell} \sum_{k=1}^{p} b_{k,h}\ z^{k-1}\ e^{(h-1)z}\ .$$

Exprimer les coefficients $b_{k,h}$ comme combinaisons linéaires des nombres

$$F(\frac{2\pi i x}{\ell})\ ,\quad (x = 0,1,\ldots,p\ell-1)\ ,$$

puis comme combinaisons linéaires des nombres

$$\frac{d^{s-1}}{dz^{s-1}} F(2\pi x i)\ ,\quad (0 \leqslant x \leqslant p-1\ ,\ 1 \leqslant s \leqslant \ell)\ .$$

[Feldman, 1960 , lemme 3] et [Feldman, 1951, lemme 6].

Exercice 6.2.a. Soient R_1 , R_2 , ρ trois nombres réels, $0 < R_1 < R_2$, $0 < \rho < R_2$. Soit f une fonction holomorphe non constante dans le disque $|z| \leqslant R_2$. En utilisant successivement les exercices 1.5.a, 1.5.b et 1.5.c, donner plusieurs majorations de

$$\frac{n(f,\rho)}{\operatorname{Log} \frac{|f|_{R_2}}{|f|_{R_1}}}$$

en fonction de R_1 , R_2 et ρ .

Exercice 6.3.a. Soit f une fonction holomorphe dans un disque D . Soient $w_1,\ldots,w_\ell$ des points de D , deux à deux distincts, et $p_1,\ldots,p_\ell$ des nombres entiers positifs.

Montrer qu'il existe un polynôme et un seul

$$P = \sum_{i=1}^{n} a_i X^{i-1} \in \mathbb{C}[X] ,$$

de degré inférieur (strictement) à

$$n = p_1+\ldots+p_\ell ,$$

vérifiant les n conditions

$$\frac{d^{j-1}}{dz^{j-1}} P(w_k) = \frac{d^{j-1}}{dz^{j-1}} f(w_k) \quad , \quad (1 \leqslant j \leqslant p_k \ , \ 1 \leqslant k \leqslant \ell) .$$

Majorer ensuite les coefficients $a_1,\ldots,a_n$ de P [Balkema Tijdeman, 1970, lemme 2]. (On pourra utiliser l'exercice 1.5.d).

Exercice 6.4.a. Soient $b_1,\dots,b_n$ des nombres complexes, et $g_1,\dots,g_n$ des fonctions analytiques dans un domaine U du plan complexe. Soit

$$F(z) = \sum_{k=1}^{n} b_i \, g_i(z) .$$

Soient $z_1,\dots,z_n$ des éléments de U, $s_1,\dots,s_n$ des nombres entiers positifs ou nuls, et $\Delta_{i,j}$ $(1 \leqslant i \leqslant n , 1 \leqslant j \leqslant n)$ le cofacteur de

$$\frac{d^{s_i}}{dz^{s_i}} g_j(z_i)$$

dans le déterminant

$$\Delta = \left| \frac{d^{s_i}}{dz^{s_i}} g_j(z_i) \right|_{1\leqslant i,j\leqslant n} .$$

Montrer que, pour tout $u \in U$, on a

$$\max_{1\leqslant i\leqslant n} \left| \frac{d^{s_i}}{dz^{s_i}} F(z_i) \right| . \sum_{i=1}^{n} \left| \sum_{k=1}^{n} f_k(u) \Delta_{i,k} \right| \geqslant |\Delta| . |F(u)| .$$

[Van der Poorten, 1969, p. 186].

Exercice 6.5.a. Montrer que le déterminant de la matrice

$$\left(\frac{d^{i-1}}{dz^{i-1}}\,(z^{j-1}e^{w_h z})_{z=o}\right) = \left(\frac{(i-1)!}{(i-j)!}\,w_h^{i-1}\right),$$

où i est l'indice de ligne $(1 \leqslant i \leqslant n)$, et (j,h) l'indice de colonne

$(1 \leqslant j \leqslant p_h\ ,\ 1 \leqslant h \leqslant \ell)$ est égal à

$$\left(\prod_{h=1}^{\ell}\ \prod_{j=1}^{p_h}(j-1)!\right).\ \prod_{1\leqslant h<k\leqslant \ell}(w_k-w_h)^{p_k p_h}\ .$$

(Considérer ce déterminant comme un polynôme en $T = w_1$, et calculer les dérivées d'ordre $\leqslant p_1 p_2$ au point $T = w_2$).

Calculer aussi les cofacteurs de ce déterminant (utiliser par exemple la méthode de [Van der Poorten, 1969]).

CHAPITRE 7

Propriétés d'indépendance algébrique de la fonction exponentielle

Grâce aux résultats des chapitre 5 et 6, on peut obtenir des énoncés d'indépendance algébrique concernant les valeurs de la fonction exponentielle, sans utiliser de type de transcendance ; on remplace cette notion par le critère 5.1.1, et on utilise le théorème 6.1.1 pour vérifier les conditions (5.1.2).

Nous étudierons les analogues des résultats de transcendance des chapitres 2 et 3, où nous remplaçons partout le corps $\overline{\mathbb{Q}}$ des nombres algébriques par une extension de $\mathbb{Q}$ de degré de transcendance 1.

§7.1 Complément à un théorème de Lang

On sait déjà, grâce au théorème 2.2.3, que, si $u_1,\ldots,u_n$ (resp. $v_1,\ldots,v_m$) sont des nombres complexes $\mathbb{Q}$-linéairement indépendants, et si $mn > m+n$ (c'est-à-dire $m \geq 3$ et $n \geq 2$, ou $m \geq 2$ et $n \geq 3$), alors l'un des nombres

$$e^{u_i v_j} \quad , \quad (1 \leq i \leq n \ , \ 1 \leq j \leq m)$$

est transcendant. Plus généralement, le théorème 4.1.2 montre que, si $mn \geq \tau(m+n)$, $(\tau > 1)$, alors ces nombres n'appartiennent pas tous à une extension K de $\mathbb{Q}$ de type de transcendance inférieur ou égal à τ. Rappelons que, si K a un degré de transcendance q sur $\mathbb{Q}$, alors $\tau \geq q+1$. Nous allons voir que, dans le cas $q = 1$, on peut remplacer τ par 2 et supprimer l'hypothèse sur le type de transcendance de K.

<u>Théorème</u> 7.1.1. <u>Soient</u> $u_1,\dots,u_n$ <u>des nombres complexes</u> $\mathbb{Q}$<u>-linéairement indépendants. Soient</u> $v_1,\dots,v_m$ <u>des nombres complexes,</u> $\mathbb{Q}$<u>-linéairement indépendants. Si</u>

$$mn > 2(m+n) ,$$

<u>alors deux des nombres</u>

$$\exp(u_i v_j) \quad , \quad (1 \leqslant i \leqslant n \ , \ 1 \leqslant j \leqslant m) ,$$

<u>sont algébriquement indépendants (sur</u> $\mathbb{Q}$).

La condition $mn > 2(m+n)$ apparaîtra de façon naturelle, mais compte tenu de la symétrie entre m et n, on peut noter que les seuls cas intéressants sont $(m = n = 4)$ et $(m = 3 , n = 6)$.

Indiquons quelques corollaires du théorème 7.1.1. D'abord, dans le cas $m = n = 4$, si on choisit

$$u_1 = 1 \ , \ u_2 = a \ , \ u_3 = b \ , \ u_4 = ab \ ,$$
$$v_1 = \ell \ , \ v_2 = a\ell \ , \ v_3 = b\ell \ , \ v_4 = ab\ell \ ,$$

on obtient le

<u>Corollaire</u> 7.1.2. <u>Soient</u> a , b , ℓ <u>trois nombres complexes</u> ; <u>on suppose que les nombres</u>

$$1 , a , b , ab$$

<u>sont</u> $\mathbb{Q}$<u>-linéairement indépendants, et que</u> $\ell \neq 0$. <u>Alors deux des</u> 9 <u>nombres</u>

$$e^{\ell} , e^{a\ell} , e^{b\ell} , e^{ab\ell} , e^{a^2\ell} , e^{b^2\ell} , e^{a^2b\ell} , e^{ab^2\ell} , e^{a^2b^2\ell} ,$$

<u>sont algébriquement indépendants sur</u> $\mathbb{Q}$.

En particulier, deux des 3 nombres

7.3

$$2^{\sqrt{2}} , 2^{\sqrt{3}} , 2^{\sqrt{6}}$$

sont algébriquement indépendants sur $\mathbb{Q}$; de même, le degré de transcendance sur $\mathbb{Q}$ du corps

$$\mathbb{Q}(e^{\pi} , e^{\pi\sqrt{3}} , e^{i\pi\sqrt{3}})$$

est supérieur ou égal à 2.

Choisissons maintenant

$$u_1 = 1 , u_2 = a , u_3 = b , u_4 = ab ;$$

$$v_1 = \ell_1 , v_2 = b\ell_1 , v_3 = \ell_2 , v_4 = b\ell_2 .$$

Corollaire 7.1.3. *Soit* b *un nombre irrationnel quadratique (c'est-à-dire tel que* $[\mathbb{Q}(b) : \mathbb{Q}] = 2$). *Soient* ℓ_1 , ℓ_2 , a *trois nombres complexes. On suppose que* $a \notin \mathbb{Q}(b)$, *et que*

$$\ell_1 , b\ell_1 , \ell_2 , b\ell_2$$

sont $\mathbb{Q}$-*linéairement indépendants.*

Alors deux des huit nombres

$$e^{\ell_i} , e^{a\ell_i} , e^{b\ell_i} , e^{ab\ell_i} , \quad (i = 1,2)$$

sont algébriquement indépendants.

Enfin, si on choisit

$$u_1 = 1 , u_2 = t , u_3 = t^2 , u_4 = t^3 ,$$

$$v_1 = a , v_2 = at , v_3 = at^2 , v_4 = at^3 ,$$

on déduit du théorème 7.1.1 le

Corollaire 7.1.4. *Soient* t *un nombre complexe transcendant, et* a *un nombre complexe non nul. Deux des sept nombres*

$$\exp(at^i) \; , \quad (0 \leqslant i \leqslant 6)$$

sont algébriquement indépendants.

Choisissons maintenant $m = 3$, $n = 6$, avec

$$u_1 = \text{Log } 2 \; , \; u_2 = t \text{ Log } 2 \; , \; u_3 = \frac{1}{t} \text{ Log } 2 \; ,$$

$$u_4 = \text{Log } 3 \; , \; u_5 = t \text{ Log } 3 \; , \; u_6 = \frac{1}{t} \text{ Log } 3 \; ,$$

$$v_1 = 1 \quad , \; v_2 = t \quad , \; v_3 = \frac{1}{t} \, .$$

Corollaire 7.1.5. *Soit* t *un nombre complexe transcendant tel que les* 6 *nombres*

$$\text{Log } 2 \; , \; t \text{ Log } 2 \; , \; t^2 \text{ Log } 2 \; , \; \text{Log } 3 \; , \; t \text{ Log } 3 \; , \; t^2 \text{ Log } 3$$

soient $\mathbb{Q}$*-linéairement indépendants. Alors deux des huit nombres*

$$2^t \; , \; 2^{\frac{1}{t}} \; , \; 2^{t^2} \; , \; 2^{\frac{1}{t^2}} \; , \; 3^t \; , \; 3^{\frac{1}{t}} \; , \; 3^{t^2} \; , \; 3^{\frac{1}{t^2}}$$

sont algébriquement indépendants.

Pour démontrer le théorème 7.1.1, on reprend la démonstration du théorème 4.1.2; avec les notations du §4.4, les relations (4.4.4) montrent que la fonction F_N admet au moins M^{mn} zéros dans le disque

$$|z| \leqslant \rho = M^n(|v_1|+\ldots+|v_m|) \; ;$$

utilisons le théorème 6.1.1, avec

$$p_1+\ldots+p_\ell = (2N^m)^n \; , \quad \text{et} \quad \Omega = 2N^m(|u_1|+\ldots+|u_n|) \, .$$

On obtient :

$$M^{mn} \leqslant 2^n N^{mn} + 2N^m M^n (\sum_{i=1}^{n} |u_i|)(\sum_{j=1}^{m} |v_j|) ,$$

d'où

$$M \leqslant 2N ,$$

quand N est suffisamment grand. Compte tenu de cette inégalité, le résultat démontré au §4.4 s'énonce alors :

Théorème 7.1.6. *Soient* m *et* n *deux nombres entiers tels que* $mn > m+n$. *Soient* $u_1,\dots,u_n$ *(resp.* $v_1,\dots,v_m$*)* *des nombres complexes* $\mathbb{Q}$*-linéairement indépendants. Soit* K_1 *le sous-corps de* $\mathbb{C}$ *obtenu en adjoignant à* $\mathbb{Q}$ *les* mn *nombres*

$$\exp(u_i v_j) \quad , \quad (1 \leqslant i \leqslant n , 1 \leqslant j \leqslant m) .$$

Soit t *une taille sur* K_1 . *Alors il existe une suite* $(\xi_N)_{N \geqslant N_0}$ *d'éléments non nuls de* K *vérifiant*

$$\mathrm{Log}|\xi_N| << -N^{mn} \mathrm{Log}\, N$$

et

$$t(\xi_N) << N^{m+n}$$

pour $N \to +\infty$.

On en déduit immédiatement le théorème 4.1.2 (grâce au lemme 4.2.23) et le théorème 7.1.1 (grâce à 5.1.4).

§7.2 <u>Complément au théorème de Gel'fond Schneider</u>

Après avoir étudié l'indépendance algébrique de nombres

$$\exp(u_i v_j) ,$$

nous allons étudier l'indépendance de

$$u_i \ , \ \exp(u_i v_j) .$$

Le théorème 2.1.1 de Gel'fond Schneider montre que, si u_1 , u_2 sont deux nombres complexes $\mathbb{Q}$-linéairement indépendants, et si v est un nombre complexe non nul, les nombres

$$u_1 \ , \ u_2, e^{u_1 v} \ , \ e^{u_2 v}$$

ne sont pas tous algébriques.

<u>Théorème</u> 7.2.1. <u>Soient</u> $u_1,\ldots,u_n$ (<u>resp.</u> $v_1,\ldots,v_m$) <u>des nombres complexes</u> $\mathbb{Q}$-<u>linéairement indépendants. Si</u>

$$mn \geqslant 2m+n ,$$

<u>alors deux des nombres</u>

$$u_i \ , \ \exp(u_i v_j) \ , \ (1 \leqslant i \leqslant n \ , \ 1 \leqslant j \leqslant m)$$

<u>sont algébriquement indépendants</u>.

Les cas intéressants sont $(m = n = 3)$ et $(m = 2 \ , \ n = 4)$.

Voici quelques corollaires du théorème 7.2.1.

Choisissons d'abord $m = n = 3$, puis

$$u_1 = 1 \ , \ u_2 = t \ , \ u_3 = t^2 \ ,$$
$$v_1 = \ell \ , \ v_2 = t\ell \ , \ v_3 = t^2\ell .$$

<u>Corollaire</u> 7.2.2. <u>Soient</u> t <u>un nombre complexe transcendant, et</u> $\ell \neq 0$ <u>un logarithme d'un nombre algébrique. Alors le corps</u>

$$\mathbb{Q}(t\ ,\ e^{\ell t}\ ,\ e^{\ell t^2}\ ,\ e^{\ell t^3}\ ,\ e^{\ell t^4})$$

<u>a un degré de transcendance sur</u> $\mathbb{Q}$ <u>supérieur ou égal à</u> 2.

On peut remarquer que l'un des trois nombres

$$e^{\ell t}\ ,\ e^{\ell t^2}\ ,\ e^{\ell t^3}$$

est transcendant, grâce à (2.2.3).

<u>Corollaire</u> 7.2.3. <u>Soit</u> b <u>un nombre algébrique, de degré sur</u> $\mathbb{Q}$ <u>supérieur ou égal à</u> 3. <u>Soit</u> a <u>un nombre algébrique</u>, $a \neq 0$, $a \neq 1$. <u>Alors deux des</u> 4 <u>nombres</u>

$$a^b\ ,\ a^{b^2}\ ,\ a^{b^3}\ ,\ a^{b^4}$$

<u>sont algébriquement indépendants</u>.

Ce résultat, dû à Gel'fond, admet pour conséquence l'indépendance algébrique des deux nombres

$$a^b\ ,\ a^{b^2}\ ,$$

quand $a \neq 0,1$ est algébrique, et b est irrationnel cubique $([\mathbb{Q}(b) : \mathbb{Q}] = 3)$.

Par exemple

$$\dim_{\mathbb{Q}} \mathbb{Q}(2^{\sqrt[3]{2}}\ ,\ 2^{\sqrt[3]{4}}) = 2\ .$$

Dans le cas

$$u_1 = 1\ ,\ u_2 = b_1\ ,\ u_3 = b_2\ ,$$

$$v_1 = \ell_1\ ,\ v_2 = \ell_2\ ,\ v_3 = \ell_3\ ,$$

on obtient le

<u>Corollaire</u> 7.2.4. <u>Soient</u> b_1 , b_2 <u>deux nombres algébriques, tels que</u> 1 , b_1 , b_2 <u>soient</u> $\mathbb{Q}$-<u>linéairement indépendants. Soient</u> ℓ_1 , ℓ_2 , ℓ_3 <u>trois logarithmes</u> $\mathbb{Q}$-<u>linéairement indépendants de nombres algébriques. Deux des six nombres</u>

$$e^{\ell_j b_i} \quad , \quad (i = 1,2 \; ; \; j = 1,2,3)$$

<u>sont algébriquement indépendants sur</u> $\mathbb{Q}$.

On peut démontrer une variante de ce résultat, en prenant $n = 4$, $m = 2$, et

$$u_1 = 1 \; , \; u_2 = b_1 \; , \; u_3 = b_2 \; , \; u_4 = b_3 \; ,$$

$$v_1 = \ell_1 , \; v_2 = \ell_2 \; .$$

<u>Corollaire</u> 7.2.5. <u>Soient</u> b_1 , b_2 , b_3, <u>des nombres algébriques, tels que</u>

$$1 \; , \; b_1 \; , \; b_2 \; , \; b_3$$

<u>soient</u> $\mathbb{Q}$-<u>linéairement indépendants. Soient</u> ℓ_1 , ℓ_2 <u>deux logarithmes</u> $\mathbb{Q}$-<u>linéairement indépendants de nombres algébriques. Deux des six nombres</u>

$$e^{\ell_i b_j} \quad , \quad (i = 1,2 \; ; \; j = 1,2,3)$$

<u>sont algébriquement indépendants.</u>

Considérons maintenant les nombres

$$1 \; , \; \frac{\ell_1}{\ell_2} \; , \; \beta \; , \; \beta \frac{\ell_1}{\ell_2} \; ,$$

$$\ell_2 \; , \; \beta \ell_2 \; .$$

<u>Corollaire</u> 7.2.6. <u>Soit</u> β <u>un nombre algébrique irrationnel. Soient</u> ℓ_1 , ℓ_2 <u>deux logarithmes</u> $\mathbb{Q}$-<u>linéairement indépendants de nombres algébriques. Alors</u>

$$\dim_{\mathbb{Q}} \mathbb{Q}\left(\frac{\ell_1}{\ell_2} \; ; \; e^{\ell_1 \beta} \; , \; e^{\ell_2 \beta} \; , \; e^{\ell_1 \beta^2} \; , \; e^{\ell_2 \beta^2}\right) \geqslant 2 \; .$$

C'est ainsi que deux des 3 nombres

$$\frac{\operatorname{Log} 2}{\operatorname{Log} 3}, \; 2^i, \; 3^i$$

sont algébriquement indépendants sur $\mathbb{Q}$.

Enfin, le choix

$$u_1 = 1 \; , \; u_2 = b \; , \; u_3 = c \; , \; u_4 = bc \; ,$$

$$v_1 = \ell \; , \; v_2 = c\ell$$

conduit à l'énoncé suivant :

Corollaire 7.2.7. *Soient* b *et* c *deux nombres algébriques, tels que*

$$1 \; , \; b \; , \; c \; , \; bc$$

soient $\mathbb{Q}$*-linéairement indépendants. Soit* ℓ *un nombre complexe non nul. Le degré de transcendance, sur* $\mathbb{Q}$ *, du corps*

$$\mathbb{Q}(e^{\ell} \; , \; e^{b\ell} \; , \; e^{c\ell} \; , \; e^{bc\ell} \; , \; e^{c^2\ell} \; , \; e^{bc^2\ell})$$

est supérieur ou égal à 2.

On retrouve par exemple un résultat du §7.1 :

$$\dim_{\mathbb{Q}} \mathbb{Q}(2^{\sqrt{2}} \; , \; 2^{\sqrt{3}} \; , \; 2^{\sqrt{6}}) \geqslant 2 \; .$$

Pour démontrer le théorème 7.2.1, on établit le résultat suivant :

Théorème 7.2.8. *Soient* $m \geqslant 1$ *et* $n \geqslant 2$ *deux nombres entiers. Soient* $u_1, \ldots, u_n$ (*resp.* $v_1, \ldots, v_m$) *des nombres complexes* $\mathbb{Q}$*-linéairement indépendants. Soit* K_2 *le sous-corps de* $\mathbb{C}$ *obtenu en adjoignant à* $\mathbb{Q}$ *les* $(m+1)n$ *nombres*

$$u_i \; , \; e^{u_i v_j} \quad , \quad (1 \leqslant i \leqslant n \; , \; 1 \leqslant j \leqslant m) \; .$$

Soit t *une taille sur* K_2 . *Alors il existe une suite* $(\xi_N)_{N \geqslant N_0}$ *d'éléments non nuls de* K_2 *, vérifiant*

$$\mathrm{Log}|\xi_N| \ll -N^n \ \mathrm{Log}\ N ,$$

et

$$t(\xi_N) \ll N^{\frac{m+n}{m+1}}.(\mathrm{Log}\ N)^{\frac{1}{m+1}} ,$$

pour $N \to +\infty$.

On en déduit, en utilisant 5.1.4, le théorème 7.2.1. D'autre part le lemme 4.2.23 conduit à la généralisation suivante du théorème de Gel'fond Schneider.

Théorème 7.2.9. *Soient* $\tau > 1$ *un nombre réel, et* K *un sous-corps de* $\mathbb{C}$ *de type de transcendance inférieur ou égal à* τ *sur* $\mathbb{Q}$. *Soient* $u_1,\ldots,u_n$ (*resp.* $v_1,\ldots,v_m$) *des nombres complexes* $\mathbb{Q}$-*linéairement indépendants. Si*

$$mn \geqslant \tau m + (\tau-1)n ,$$

alors l'un au moins des nombres

$$u_i \ , \ \exp(u_i v_j) \ , \quad (1 \leqslant i \leqslant n \ , \ 1 \leqslant j \leqslant m) ,$$

est transcendant sur K .

Comme pour le théorème de Gel'fond Schneider, il y a deux démonstrations possibles de 7.2.8, correspondant à une extension de la méthode de Schneider et de celle de Gel'fond respectivement.

Première démonstration du théorème 7.2.8

Soit $(x_1,\ldots,x_q,y)$ le système générateur de K_2 sur $\mathbb{Q}$ permettant de définir la taille t , et soit A l'anneau $\mathbb{Z}[x_1,\ldots,x_q,y]$.

Soit N un entier suffisamment grand. On définit

$$R_0 = \left[N^{\frac{m+n}{m+1}} (\mathrm{Log}\ N)^{-\frac{m}{m+1}} \right] , \qquad (7.2.10)$$

et

$$R_1 = \left[N^{\frac{n-1}{m+1}} (\operatorname{Log} N)^{\frac{1}{m+1}} \right] . \tag{7.2.11}$$

Le lemme 4.3.1 permet de montrer l'existence d'un polynôme non nul

$$P_N \in A[X_0,\ldots,X_m] ,$$

avec

$$\deg_{X_0} P_N \leqslant 2R_0 \ , \ \deg_{X_j} P_N \leqslant R_1 \ , \ (1 \leqslant j \leqslant m)$$

et

$$t(\text{coefficients de } P_N) \ll R_1 N + R_0 \operatorname{Log} N ,$$

tel que la fonction

$$F_N(z) = P_N(z , e^{v_1 z},\ldots,e^{v_m z})$$

vérifie

$$F_N(k_1 u_1+\ldots+k_n u_n) = 0 \quad \text{pour} \quad k_i = 1,\ldots,N \ , \ (1 \leqslant i \leqslant n) .$$

D'après le théorème 6.1.1, le nombre $n(F_N,\rho)$ de zéros de la fonction F_N dans le disque

$$|z| \leqslant \rho = 3.N(\sum_{i=1}^{n} |u_i|)$$

est majoré par

$$2(2R_0+1)(R_1^m+1) + 5\rho\Omega$$

avec

$$\Omega = R_1(\sum_{j=1}^{m} |v_j|) .$$

Pour N suffisamment grand, on a

$$5\rho\Omega \leqslant 30\ N^{\frac{m+n}{m+1}}(\mathrm{Log}\ N)^{\frac{1}{m+1}}.(\sum_{i=1}^{n}|u_i|)(\sum_{j=1}^{m}|v_j|) \leqslant N^n .$$

donc

$$n(F_N,\rho) < (3N)^n .$$

Par conséquent l'un des nombres

$$F_N(h_1u_1+\dots+h_nu_n) \quad , \quad (1 \leqslant h_i \leqslant 3N \ , \ 1 \leqslant i \leqslant n)$$

est non nul. Notons ξ_N l'un de ces nombres non nuls. Alors ξ_N appartient à K_2 , et il est facile de majorer sa taille par

$$t(\xi_N) \ll R_1N + R_0 \ \mathrm{Log}\ N ,$$

donc

$$t(\xi_N) \ll N^{\frac{m+n}{m+1}}(\mathrm{Log}\ N)^{\frac{1}{m+1}} .$$

Pour majorer ξ_N , on utilise le principe du maximum sur le disque

$$|z| \leqslant R = N^{1+\frac{1}{m+1}}$$

pour la fonction entière

$$F_N(z) . \prod_{k_1=1}^{N} \dots \prod_{k_n=1}^{N} (z - k_1u_1 - \dots - k_nu_n)^{-1} .$$

On majore $|F_N|_R$ par

$$\mathrm{Log}|F_N|_R \ll R_1R \ + R_o \ \mathrm{Log}\ R \ll N^n(\mathrm{Log}\ N)^{\frac{1}{m+1}} ,$$

car $m+n+1 \leqslant n(m+1)$.

D'autre part l'inégalité

$$\frac{R}{3N\sum_{i=1}^{n}|u_i|} > N^{\frac{1}{m+2}}$$

permet de majorer

$$\sup_{|z|=R} \prod_{k_1=1}^{N} \cdots \prod_{k_n=1}^{N} \left| \frac{(h_1-k_1)u_1+\ldots+(h_n-k_n)u_n}{z-k_1u_1-\ldots-k_nu_n} \right|$$

par

$$\left(\frac{1}{N^{\frac{1}{m+2}}}\right)^{N^n} = \exp\left(-\frac{1}{m+2} N^n \operatorname{Log} N\right) ;$$

on en déduit

$$\operatorname{Log}|\xi_N| \leqslant -\frac{1}{m+3} N^n \operatorname{Log} N ,$$

ce qui démontre le théorème 7.2.8.

Deuxième démonstration du théorème 7.2.8

On conserve les mêmes valeurs (7.2.10) et (7.2.11) de R_0 et R_1 en fonction de N. Le lemme 4.3.1 permet de construire, pour N suffisamment grand, un polynôme non nul

$$P_N \in A[X_1,\ldots,X_n] ,$$

de degré inférieur ou égal à $2N$ par rapport à X_i $(1 \leqslant i \leqslant n)$ et dont les coefficients ont une taille majorée par

$$t(\text{coefficients}) \ll R_1N + R_0 \operatorname{Log} N ,$$

tel que la fonction

$$F_N(z) = P_N(e^{u_1z},\ldots,e^{u_nz})$$

vérifie

$$\frac{d^s}{dz^s} F_N(k_1v_1+\ldots+k_mv_m) = 0 \quad \text{pour } k_j = 1,\ldots,R_1 \quad (1 \leqslant j \leqslant m) \text{ et } s = 0,\ldots,R_0-1 .$$

Le théorème 6.1.1 montre qu'il existe des entiers $h_1,\ldots,h_m$, σ , vérifiant

$$1 \leqslant h_j \leqslant 2^{n+2} R_1 \quad (1 \leqslant j \leqslant m) \quad \text{et} \quad 0 \leqslant \sigma \leqslant \frac{R_0}{2} - 1 ,$$

et tels que

$$\xi_N = \frac{d^\sigma}{dz^\sigma} F_N(h_1 v_1 + \ldots + h_m v_m) \neq 0 .$$

On utilise le principe du maximum, sur le disque $|z| \leqslant R$, avec

$$R = N^{\frac{n}{2} - \frac{1}{3}} ,$$

pour la fonction entière

$$\left(\frac{d^\sigma}{dz^\sigma} F_N(z)\right) . \prod_{k_1=1}^{R_1} \ldots \prod_{k_m=1}^{R_1} (z - k_1 v_1 - \ldots - k_m v_m)^{-\left[\frac{R_0}{2}\right]} .$$

On remarque que, pour N suffisamment grand, on a

$$\text{Log} \sup_{|z|=R} \left| \frac{d^\sigma}{dz^\sigma} F_N(z) \right| < N^n ,$$

et

$$\sup_{|z|=R} \prod_{k_1=1}^{R_1} \ldots \prod_{k_m=1}^{R_1} \left| \frac{(h_1 - k_1) v_1 + \ldots + (h_m - k_m) v_m}{z - k_1 v_1 - \ldots - k_m v_m} \right| \leqslant \exp\left(- \frac{1}{3m+4} R_1^m \text{Log } N\right) .$$

On en déduit

$$\text{Log} |\xi_N| \leqslant - \frac{1}{16m} N^n \text{Log } N .$$

D'autre part on peut majorer la taille de ξ_N :

$$t(\xi_N) \ll R_1 N + R_0 \text{ Log } N \ll N^{\frac{m+n}{m+1}} . (\text{Log } N)^{\frac{1}{m+1}} ,$$

ce qui démontre de nouveau le théorème 7.2.8.

§7.3 Complément au théorème de Hermite Lindemann

Dans les deux paragraphes qui suivent, nous étudions l'indépendance algébrique de nombres

$$u_i \ , \ v_j \ , \ \exp(u_i v_j) \ .$$

Le théorème 3.1.1 de Hermite Lindemann montre que l'un des trois nombres

$$u_1 \ , \ v_1 \ , \ e^{u_1 v_1}$$

est transcendant, si $u_1 \neq 0$ et $v_1 \neq 0$.

Théorème 7.3.1. *Soient* $u_1,\dots,u_n$ *(resp.* $v_1,\dots,v_m$*) des nombres complexes* $\mathbb{Q}$*-linéairement indépendants. Si*

$$mn > m+n \ ,$$

alors deux des nombres

$$u_i \ , \ v_j \ , \ \exp(u_i v_j) \ , \ (1 \leqslant i \leqslant n \ , \ 1 \leqslant j \leqslant m)$$

sont algébriquement indépendants.

Le cas intéressant (remarquer la symétrie entre m et n) est $m = 2$, $n = 3$.

Le principal corollaire du théorème 7.3.1 s'obtient en choisissant

$$u_1 = a \ , \ u_2 = at \ , \ u_3 = at^2 \ ,$$

$$v_1 = 1 \ , \ v_2 = t \ .$$

Corollaire 7.3.2. *Soient* t *un nombre complexe transcendant, et* a *un nombre complexe non nul. Deux des 6 nombres*

$$a \ , \ t \ , \ e^a \ , \ e^{at} \ , \ e^{at^2} \ , \ e^{at^3}$$

sont algébriquement indépendants.

En particulier, soit r un nombre rationnel non nul ; on a

$$\dim_{\mathbb{Q}} \mathbb{Q}(e, e^{e^{r}}, e^{e^{2r}}, e^{e^{3r}}) \geqslant 2,$$

et, si $\ell \neq 0$ est un logarithme d'un nombre algébrique, on a

$$\dim_{\mathbb{Q}} \mathbb{Q}(\ell, e^{\ell^{r+1}}, e^{\ell^{2r+1}}, e^{\ell^{3r+1}}) \geqslant 2.$$

Le cas t algébrique conduit au

<u>Corollaire</u> 7.3.3. <u>Soit</u> $\ell \neq 0$ <u>un logarithme d'un nombre algébrique. Soit</u> b <u>un nombre algébrique de degré supérieur ou égal à</u> 3. <u>Deux des nombres</u>

$$\ell, e^{\ell b}, e^{\ell b^2}, e^{\ell b^3}$$

<u>sont algébriquement indépendants.</u>

Pour démontrer le théorème 7.3.1, il suffit, grâce à 5.1.4, que l'on établisse le résultat suivant.

<u>Théorème</u> 7.3.4. <u>Soient</u> m <u>et</u> n <u>deux nombres entiers positifs, et</u> $u_1, \ldots, u_n$ (<u>resp.</u> $v_1, \ldots, v_m$) <u>des nombres complexes</u> $\mathbb{Q}$-<u>linéairement indépendants. Soit</u> K_3 <u>le corps obtenu en adjoignant à</u> $\mathbb{Q}$ <u>les</u> mn+m+n <u>nombres</u>

$$u_i, v_j, \exp(u_i v_j), \quad (1 \leqslant i \leqslant n, 1 \leqslant j \leqslant m).$$

<u>Soit</u> t <u>une taille sur</u> K_3. <u>Il existe une suite</u> $(\xi_N)_{N \geqslant N_0}$ <u>d'éléments non nuls de</u> K_3 <u>vérifiant</u>

$$\mathrm{Log}|\xi_N| \ll -N^{mn+m+n},$$

<u>et</u>

$$t(\xi_N) \ll N^{m+n}$$

<u>pour</u> $N \to +\infty$.

En utilisant le lemme 4.2.23, on en déduit également la généralisation suivante du théorème de Hermite Lindemann.

Théorème 7.3.5. Soient $\tau \geq 1$ un nombre réel, et K un sous-corps de $\mathbb{C}$ de type de transcendance inférieur ou égal à τ sur $\mathbb{Q}$. Soient $u_1,\dots,u_n$ (resp. $v_1,\dots,v_m$) des nombres complexes $\mathbb{Q}$-linéairement indépendants. Si

$$mn > (\tau-1)(m+n) ,$$

alors l'un au moins des nombres

$$u_i \ , \ v_j \ , \ \exp(u_i v_j) \quad , \quad (1 \leq i \leq n \ , \ 1 \leq j \leq m)$$

est transcendant sur K.

Démonstration du théorème 7.3.4

Notons A l'anneau $\mathbb{Z}[x_1,\dots,x_q,y]$, où $(x_1,\dots,x_q,y)$ est le système générateur de K_3 sur $\mathbb{Q}$ permettant de définir la taille t .

Soit N un entier suffisamment grand. On définit :

$$R_0 = [N^{m+n}(\mathrm{Log}\ N)^{-1}] ,$$

et

$$R_1 = N^m .$$

On peut construire, en utilisant le lemme 4.3.1, un polynôme non nul

$$P_N \in A[X_0,\dots,X_n] ,$$

de degré $\leq 2R_0$ par rapport à X_0 , de dogré $\leq R_1$ par rapport à $X_1,\dots,X_n$, et dont les coefficients ont une taille majorée par

$$t(\text{coefficients}) \ll N^{m+n} ,$$

tel que la fonction

$$F_N = P_N(z, e^{u_1 z}, \dots, e^{u_n z})$$

vérifie

$$\frac{d^{s-1}}{dz^{s-1}} F_N(k_1 v_1 + \dots + k_m v_m) = 0 , \quad \text{pour } s = 1, \dots, R_o , \quad \text{et } k_j = 1, \dots, N^n \ (1 \leqslant j \leqslant m) .$$

Le théorème 6.1.1 prouve l'existence d'entiers $h_1, \dots, h_m, \sigma$, vérifiant

$$1 \leqslant h_j \leqslant 8N^n , \ (1 \leqslant j \leqslant m) , \ 1 \leqslant \sigma \leqslant \frac{R_o}{2} ,$$

tels que

$$\xi_N = \frac{d^{\sigma-1}}{dz^{\sigma-1}} F_N(h_1 v_1 + \dots + h_m v_m) \neq 0 .$$

Alors ξ_N est un élément non nul de K_3, dont la taille est majorée par

$$t(\xi_N) << N^{m+n} .$$

Le principe du maximum, sur le disque

$$|z| \leqslant R = N^{n+\frac{1}{2}}$$

appliqué à la fonction entière

$$\left(\frac{d^{\sigma-1}}{dz^{\sigma-1}} F_N(z)\right) . \prod_{k_1=1}^{N^n} \dots \prod_{k_m=1}^{N^n} (z - k_1 v_1 - \dots - k_m v_m)^{-\left[\frac{R_o}{2}\right]}$$

conduit à la majoration

$$\text{Log}|\xi_N| \leqslant -\frac{1}{5} N^{mn+m+n} ,$$

ce qui démontre le théorème 7.3.4.

§7.4 Le huitième problème de Schneider

Dans les théorèmes 7.1.1 et 7.2.1, les hypothèses sur m et n ($mn \geq 2(m+n)$ et $mn \geq 2m+n$) étaient des inégalités larges, alors que l'hypothèse $mn > m+n$ du théorème 7.3.1 est une inégalité stricte. Nous allons étudier ce qui se passe quand $mn = m+n$, c'est-à-dire $m = n = 2$. On connait actuellement le résultat partiel suivant.

Théorème 7.4.1. Soient u_1, u_2 (resp. v_1, v_2) deux nombres complexes $\mathbb{Q}$-linéairement indépendants. Si les deux nombres

$$e^{u_1 v_1}, \; e^{u_2 v_1}$$

sont algébriques, alors deux des nombres

$$u_1, u_2, v_1, v_2, e^{u_1 v_2}, e^{u_2 v_2}$$

sont algébriquement indépendants.

On déduit de ce théorème la transcendance du nombre

$$e^e + ie^{e^2}$$

(cf. [Schneider, T, Problème 8]).

Plus généralement le choix

$$u_1 = v_2 = 1 \quad , \quad u_2 = v_1 = e^r$$

donne le

Corollaire 7.4.2. Soit $r \neq 0$ un nombre rationnel. L'un des deux nombres

$$e^{e^r}, \; e^{e^{2r}}$$

est transcendant.

D'autre part, en choisissant

$$u_1 = 1 \ , \ u_2 = x \ , \ u_3 = \ell \ , \ u_4 = \ell x \ ,$$

on obtient le

__Corollaire__ 7.4.3. __Soit__ $\ell \neq 0$ __un nombre complexe. Soit__ x __un nombre complexe, algébrique sur__ $\mathbb{Q}(\ell)$, __et irrationnel. Alors un des nombres__

$$e^{\ell} \ , \ e^{x\ell} \ , \ e^{x^2\ell}$$

__est transcendant.__

Par exemple, si $\ell \neq 0$ est un logarithme d'un nombre algébrique, et si $r \neq 0$ est un nombre rationnel, les nombres

$$e^{\ell^{r+1}} \ , \ e^{\ell^{2r+1}}$$

ne sont pas tous deux algébriques. Pour $x = 1 + \frac{\ell_2}{\ell_1}$, $\ell = \ell_1$, le corollaire 7.4.3 montre que, si ℓ_1 , ℓ_2 sont deux logarithmes $\mathbb{Q}$-linéairement indépendants de nombres algébriques, alors l'une au moins des deux propriétés suivantes est vraie :

(i) ℓ_1 , ℓ_2 sont algébriquement indépendants

(ii) le nombre $\exp(\frac{\ell_1^2}{\ell_2})$ est transcendant.

On peut obtenir un résultat du même genre sur e et π (avec $u_1 = v_1 = i\pi$, $u_2 = v_2 = 1$) : si le nombre e^{π^2} est algébrique, alors les deux nombres e et π sont algébriquement indépendants. Il revient au même de dire que le nombre

$$e^{\pi^2} + i \ P(e,\pi)$$

est transcendant, si $P \in \mathbb{Q}[X,Y]$ est un polynôme non constant.

Enfin le théorème 7.4.1 contient la transcendance des nombres

$$e^{\pi^r} + i\, e^{\pi^{2-r}} \quad , \quad (r \in \mathbb{Q})$$

et

$$\mathrm{Log}\,\pi + i \exp\left(\frac{\pi^2}{\mathrm{Log}\,\pi}\right) ;$$

(choisir $u_1 = \pi^r$, $u_2 = i\pi$, $v_1 = 1$, $v_2 = i\pi^{1-r}$, puis $u_1 = i\pi$, $u_2 = \mathrm{Log}\,\pi$, $v_1 = 1$, $v_2 = \frac{i\pi}{\mathrm{Log}\,\pi}$).

Il y a deux méthodes pour démontrer 7.4.1. La première, qui est exposée en détail dans [Brownawell, 1971 d] et [Waldschmidt, 1971 b], consiste à étudier les valeurs des fonctions

$$z \ , \ e^{u_1 z} \ , \ e^{u_2 z}$$

aux points

$$k_1 v_1 + k_2 v_2 \ , \ (k_1, k_2) \in \mathbb{Z} \times \mathbb{Z} \ .$$

La deuxième méthode, suggérée dans [Waldschmidt, 1972a §7], utilise les fonctions

$$z \ , \ e^{v_1 z} \ , \ e^{v_2 z} \ ,$$

et les points $k_1 u_1 + k_2 u_2$, $(k_1, k_2) \in \mathbb{Z} \times \mathbb{Z}$. Nous allons préciser ici cette deuxième méthode. Considérons les deux corps

$$L = \mathbb{Q}(e^{u_1 v_1} \ , \ e^{u_2 v_1})$$

et

$$K = L(u_1 \ , \ u_2 \ , \ v_1 \ , \ v_2 \ , \ e^{u_1 v_2} \ , \ e^{u_2 v_2}) \ .$$

Le théorème de Hermite Lindemann montre que le degré de transcendance de K sur $\mathbb{Q}$ est supérieur ou égal à 1. Supposons que ce degré de transcendance soit égal à 1. Il existe $w \in K$, transcendant sur $\mathbb{Q}$, et $w_1 \in K$, entier sur $\mathbb{Z}[w]$, tel que $K = \mathbb{Q}(w,w_1)$; donc $K = L(w,w_1)$. Soient $\delta_1 = [K:\mathbb{Q}(w)]$ le degré de w_1 sur $\mathbb{Z}[w]$ et $\delta_2 = [L:\mathbb{Q}]$. Soit N un entier suffisamment grand. On définit des fonctions de N par :

$$R_0 = N^2(\mathrm{Log}\ N)^{-\frac{3}{4}} \quad ;$$

$$R_1 = N\ (\mathrm{Log}\ N)^{\frac{1}{2}} \quad ;$$

$$R_2 = 2\ \delta_2\ N(\mathrm{Log}\ N)^{-\frac{3}{4}} \quad ;$$

$$S = N^2(\mathrm{Log}\ N)^{-1} .$$

Remarquons que $R_0R_1R_2 = 2\delta_2\ N^2S$.

Le lemme 1.3.1 de Siegel permet de montrer qu'il existe un polynôme non nul

$$P_N = \sum_{\lambda_0=0}^{R_0} \sum_{\lambda_1=0}^{R_1} \sum_{\lambda_2=0}^{R_2} p_N(\lambda_0,\lambda_1,\lambda_2) X_0^{\lambda_0} X_1^{\lambda_1} X_2^{\lambda_2} ,$$

à coefficients $p_N(\lambda_0,\lambda_1,\lambda_2)$ dans $\mathbb{Z}[w,w_1]$:

$$p_N(\lambda_0,\lambda_1,\lambda_2) = \sum_{h=0}^{\delta_1-1} \sum_{k=0}^{R_3} q_N(\lambda_0,\lambda_1,\lambda_2,h,k) w^k w_1^h ,$$

avec $q_N(\lambda_0,\lambda_1,\lambda_2,h,k) \in \mathbb{Z}$, et

$$R_3 \ll N^2(\mathrm{Log}\ N)^{-\frac{3}{4}} ,$$

$$\mathrm{Log}\ \max|q_N(\lambda_0,\lambda_1,\lambda_2,h,k)| \ll N^2(\mathrm{Log}\ N)^{\frac{1}{2}} ,$$

tel que la fonction

$$F_N(z) = P_N(z\ ,\ e^{v_1 z}\ ,\ e^{v_2 z})$$

vérifie

$$\frac{d^s}{dz^s} F_N(\ell_1 u_1 + \ell_2 u_2) = 0 , \quad \text{pour} \quad \begin{cases} \ell_1 = 1,\ldots,N , \\ \ell_2 = 1,\ldots,N , \\ s = 0,\ldots,S-1 . \end{cases}$$

Grâce au théorème 6.1.1, on sait qu'il existe des entiers j_1, j_2, s_o, tels que

$$1 \leqslant j_1 \leqslant 3N \ , \ 1 \leqslant j_2 \leqslant 3\,\delta_2 N \ , \ 0 \leqslant s_o \leqslant \left[\frac{S}{2}\right] ,$$

et

$$\xi_N = \frac{d^{s_o}}{dz^{s_o}} F_N(j_1 u_1 + j_2 u_2) \neq 0 .$$

Le principe du maximum, sur le disque $|z| \leqslant R = N^2$, pour la fonction

$$\frac{d^{s_o}}{dz^{s_o}} F_N \cdot Q_N^{-1} ,$$

où

$$Q_N = \prod_{\ell_1=1}^{N} \prod_{\ell_2=1}^{N} (X - \ell_1 u_1 - \ell_2 u_2)^{\left[\frac{S}{2}\right]-1} ,$$

permet de majorer ξ_N :

$$\mathrm{Log}|\xi_N| \ll - N^4 .$$

(On utilise les majorations

$$\mathrm{Log}\left|\frac{d^{s_o}}{dz^{s_o}} F_N\right|_R \ll N^3 (\mathrm{Log}\ N)^{\frac{1}{2}}$$

et

$$\mathrm{Log}\ \frac{|Q_N(w_o)|}{|Q_N|_R} \ll - N^2 S\ \mathrm{Log}\ N \ll - N^4 \ ).$$

On majore la taille de ξ_N :

$$t(\xi_N) \ll N^2 (\mathrm{Log}\ N)^{\frac{1}{2}} .$$

Ces majorations ne sont pas assez fines pour utiliser 5.1.4. Soit π_N la norme (de K sur $\mathbb{Q}(w)$) de $\partial_N \xi_N$, où ∂_N est un dénominateur de ξ_N (par rapport au système générateur (w, w_1) de K sur $\mathbb{Z}$). Alors π_N est un polynôme non nul de $\mathbb{Z}[w]$, vérifiant

$$t(\pi_N) << N^2(\text{Log } N)^{\frac{1}{2}}$$

(grâce à 4.2.20) et

$$\deg_w \pi_N << N^2(\text{Log } N)^{-\frac{3}{4}} ,$$

avec

$$\text{Log}|\pi_N| << - N^4 .$$

Le théorème 5.1.1 montre que le nombre w est algébrique, ce qui contredit le résultat de Hermite Lindemann. Le théorème 7.4.1 est donc démontré.

§7.5 <u>Références, conjectures</u>

Le plus ancien résultat d'indépendance algébrique concernant les valeurs de la fonction exponentielle est le théorème de Lindemann Weierstrass (1885).

<u>Théorème</u> 7.5.1. <u>Soient</u> $\alpha_1,\ldots,\alpha_n$ <u>des nombres algébriques $\mathbb{Q}$-linéairement indépendants. Alors les nombres</u>

$$e^{\alpha_1},\ldots,e^{\alpha_n}$$

<u>sont algébriquement indépendants.</u>

Les démonstrations de ce résultat se font par une extension des méthodes de Hermite et Lindemann (cf. §3.4). Comme ces méthodes sont d'un type différent de celles que nous avons présentées, nous ne les développerons pas ici.

Pendant plus d'un demi-siècle, il n'y eut plus de nouveaux énoncés d'indépendance algébrique - à l'exception de quelques résultats liés à la classification de Mahler (ainsi, soit ξ un U nombre - par exemple un nombre de Liouville -, et soient

$\alpha_1,\ldots,\alpha_n$ des nombres algébriques, $\mathbb{Q}$-linéairement indépendants. Alors les nombres

$$\xi\ ,\ e^{\alpha_1}\ ,\ldots,\ e^{\alpha_n}$$

sont algébriquement indépendants [Mahler, 1931]).

Les premiers résultats d'indépendance algébrique obtenus par les méthodes que nous avons étudiées datent de 1949 [Gel'fond, T, chap.III §4] ; Gel'fond démontrait alors deux théorèmes, correspondant aux théorèmes 7.2.1 (dans le cas $m = n = 3$) et 7.3.1 ; mais ces énoncés comportaient des hypothèses supplémentaires, dues au fait que les seules majorations connues du nombre $n(f,R)$ de zéros d'un polynôme exponentiel

$$f(z) = \sum_{h=1}^{\ell} P_h(z)\ e^{w_h z}$$

dépendaient alors du nombre

$$\Delta = \min_{i\neq j} |w_i - w_j|$$

(cf. §6.5). Puis, en 1967 et 1968, Smelev obtenait le théorème 7.2.1 (dans le cas $m = 2$, $n = 4$), avec toujours une hypothèse supplémentaire.

Il était facile de voir qu'une majoration convenable de $n(f,R)$, indépendante de Δ , permettrait de supprimer ces hypothèses superflues. Les théorèmes 7.2.1 et 7.3.1 sont exposés dans [Tijdeman, 1970b] et [Waldschmidt, 1971a] (pour le théorème 7.3.1, voir aussi [Smelev, 1968]), tandis que le théorème 7.1.1 se trouve dans [Brownawell, 1971b] et [Waldschmidt, 1971a] ; il a aussi été obtenu, indépendamment, par R. Wallisser (non publié). Les théorèmes 7.2.9 et 7.3.5 sont énoncés sans démonstration dans [Brownawell, 1971a].

Pour trouver les résultats du §7.4, il était indispensable de montrer que l'on pouvait dissocier les deux fonctions γ_n et δ_n du critère 5.1.1 de transcendance (cf. §5.5). Le théorème 7.4.1 a été démontré, indépendamment, dans [Brownawell, 1971 d] et [Waldschmidt, 1971 b]. On trouvera dans ces articles de nombreux autres corollaires.

Aucun de ces résultats ne semble le meilleur possible. La conjecture la plus générale concernant les propriétés de transcendance de la fonction exponentielle a été énoncée par S. Schanuel (cf. [Lang, T, p.30]).

Conjecture 7.5.2. *Si* $x_1,\ldots,x_n$ *sont des nombres complexes* $\mathbb{Q}$*-linéairement indépendants, alors le degré de transcendance sur* $\mathbb{Q}$ *du corps*

$$\mathbb{Q}(x_1,\ldots,x_n\,,\,e^{x_1},\ldots,e^{x_n})$$

est supérieur ou égal à n .

Cette conjecture contient toutes les propriétés connues sur la nature arithmétique des valeurs de la fonction exponentielle (mises à part, évidemment, les propriétés liées aux approximations diophantiennes) ; elle est également réputée contenir toutes les conjectures raisonnables que l'on peut énoncer sur ces valeurs.

Voici quelques conséquences de la conjecture de Schanuel. Elle contient l'indépendance algébrique de e et π , ainsi que l'indépendance algébrique de logarithmes $\mathbb{Q}$-linéairement indépendants de nombres algébriques. Plus généralement, elle contient la conjecture suivante de Gel'fond.

Conjecture 7.5.3. *Soient* $\alpha_1,\ldots,\alpha_n$ *des nombres algébriques* $\mathbb{Q}$*-linéairement indépendants, soient* $\ell_1,\ldots,\ell_m$ *des logarithmes* $\mathbb{Q}$*-linéairement indépendants de nombres algébriques. Alors les nombres*

$$e^{\alpha_1},\dots,e^{\alpha_n}\ ,\ \ell_1,\dots,\ell_m$$

<u>sont algébriquement indépendants.</u>

D'autre part, 7.5.2 permettrait de résoudre le problème de l'indépendance algébrique de nombres de la forme α^β [Schneider, T, Problème 7] :

<u>Conjecture</u> 7.5.4. <u>Si</u> $\ell \neq 0$ <u>est un logarithme d'un nombre algébrique</u> α , <u>et si</u> $1 , \beta_1,\dots,\beta_n$ <u>sont des nombres algébriques</u> $\mathbb{Q}$<u>-linéairement indépendants, alors les nombres</u>

$$\alpha^{\beta_1} = e^{\ell\beta_1},\dots,\alpha^{\beta_n} = e^{\ell\beta_n}$$

<u>sont algébriquement indépendants.</u>

On déduit de 7.5.4 une conjecture de Gel'fond : si $\ell \neq 0$ est un logarithme d'un nombre algébrique α , et si β est un nombre algébrique de degré

$$[\mathbb{Q}(\beta) : \mathbb{Q}] = d > 2 ,$$

alors le degré de transcendance sur $\mathbb{Q}$ du corps

$$\mathbb{Q}(\alpha^\beta,\dots,\alpha^{\beta^{d-1}})$$

est égal à $d-1$. Le théorème de Gel'fond Schneider résout le cas $d = 2$, et Gel'fond a résolu le cas $d = 3$ (cf. 7.2.3).

Enfin, un cas particulier de la conjecture de Schanuel est la

<u>Conjecture</u> 7.5.5. <u>Soient</u> $u_1,\dots,u_n$ <u>des nombres complexes</u> $\mathbb{Q}$ - <u>linéairement indépendants</u> ; <u>soit</u> v <u>un nombre complexe transcendant. Alors le degré de transcendance sur</u> $\mathbb{Q}$ <u>du corps</u>

$$\mathbb{Q}(e^{u_1},\dots,e^{u_n}\ ,\ e^{vu_1},\dots,e^{vu_n})$$

est supérieur ou égal à $n-1$.

Cet énoncé permettrait de résoudre une conjecture de Lang et Schneider (cf. §2.3).

Comme toutes ces conjectures semblent inaccessibles à l'heure actuelle, en voici une dernière qui pourrait être plus facile.

Conjecture 7.5.6. *Soit* $\ell \neq 0$ *un logarithme d'un nombre algébrique, et* β *un nombre irrationnel quadratique. Les deux nombres*

$$\ell \ , \ e^{\ell\beta}$$

sont algébriquement indépendants (exemple : π et e^{π}).

EXERCICES

Exercice 7.1.a. Soit $M \in M_n(\mathbb{C})$; soit d la dimension du sous-$\mathbb{Q}$-espace vectoriel de $\mathbb{C}$ engendré par les valeurs propres de M. Soient $t_1,\dots,t_m$ des nombres complexes $\mathbb{Q}$-linéairement indépendants. Soit K un sous-corps de $\mathbb{C}$, de degré de transcendance $\leqslant 1$ sur $\mathbb{Q}$.

On suppose

$$\exp(Mt_j) \in GL_n(K) \quad \text{pour} \quad 1 \leqslant j \leqslant m .$$

Montrer que l'on a

$$md < 2(m+d) .$$

Exercice 7.1.b. Soient $\tau > 1$ et τ' deux nombres réels ; soient m et n deux nombres entiers, vérifiant l'une au moins des deux propriétés (i) et (ii) suivantes :

(i) $\tau' < 1$ et $mn \geqslant \tau(m+n)$

(ii) $\tau' \geqslant 1$ et $mn > \tau(m+n)$.

Montrer que le corps K_1 du théorème 7.1.6 n'a pas un type de transcendance inférieur ou égal à (τ,τ') sur $\mathbb{Q}$ (avec la notation de l'exercice 5.4.d).

Indications. On utilisera soit le théorème 7.1.6, soit l'exercice 4.5.b.

Exercice 7.1.c. On suppose que le corps K_1 du théorème 7.1.6 est une extension de degré de transcendance 1 d'un corps L , où L est une extension de $\mathbb{Q}$ de type de transcendance $\leqslant \tau$.

Montrer que

$$mn < 2\tau(m+n).$$

(Utiliser l'exercice 5.4.c).

[Brownawell, 1971a, th.5].

Exercice 7.1.d. Soient m et n deux nombres entiers positifs, et t , ℓ deux nombres complexes, $\ell \neq 0$ et $t \notin \overline{\mathbb{Q}}$. On suppose qu'il existe un sous-corps L de

$$K = \mathbb{Q}(e^{\ell}, e^{\ell t}, \ldots, e^{\ell t^{m+n-2}}) ,$$

qui a un type de transcendance inférieur ou égal à τ sur $\mathbb{Q}$.

Montrer que, si $mn \geqslant 2\tau(m+n)$, alors

$$\dim_L K \geqslant 2 .$$

En déduire que trois des 23 nombres

$$e, e^{t}, \ldots, e^{t^{22}}$$

sont algébriquement indépendants.

(Utiliser l'exercice 7.1.c, et le fait que le corps $\mathbb{Q}(e)$ a un type de transcendance $\leqslant 3$ sur $\mathbb{Q}$).

Exercice 7.1.e. On suppose que le corps K_1 du théorème 7.1.6 est une extension de degré de transcendance $\leqslant 1$ d'un corps L, et que L a un type de transcendance $\leqslant (\tau,\tau')$ sur $\mathbb{Q}$. Montrer que, si $\tau' < 1$, alors $mn < 2\tau(m+n)$.

(Utiliser l'exercice 5.4.d).

Exercice 7.2.a. Soient P_1 , P_2 deux polynômes de $\mathbb{Z}[X_1,X_2,X_3]$, non nuls et premiers entre eux. Soit α un nombre algébrique de degré 3 (irrationnel cubique). Montrer que le système d'équations

$$\begin{cases} P_1(e^{x}, e^{\alpha x}, e^{\alpha x^2}) = 0 \\ P_2(e^{x}, e^{\alpha x}, e^{\alpha x^2}) = 0 \end{cases}$$

n'a pas de solution $x \neq 0$ dans $\mathbb{C}$.

(Comparer avec [Gel'fond, T, chap.III §4 cor.3 du th.I]).

Exercice 7.2.b

1) Sous les hypothèses de l'exercice 7.1.a, on suppose que les nombres t_j appartiennent à K . Montrer que

$$md < 2(m+d-1) .$$

2) Sous les hypothèses de l'exercice 7.1.a, on suppose que la matrice M appartient à $M_n(K)$. Montrer que

$$md < 2m+d .$$

Exercice 7.2.c. Soient $\tau > 1$ et τ' deux nombres réels. On suppose que le corps K_2 du théorème 7.2.8 a un type de transcendance $\leqslant (\tau,\tau')$ sur $\mathbb{Q}$. Montrer que, si

$$\tau' < 1 - \frac{\tau}{m+1} ,$$

alors

$$mn < \tau m + (\tau-1)n .$$

En déduire que, quel que soit τ', on a

$$mn \leqslant \tau m + (\tau-1)n .$$

(On pourra utiliser, au choix, le théorème 7.2.8 ou l'exercice 4.5.b).

Exercice 7.2.d. On suppose que K_2 est une extension de degré de transcendance $\leqslant 1$ d'un corps L , où L a un type de transcendance $\leqslant \tau$ sur $\mathbb{Q}$.

Montrer que

$$mn < 2\tau m + (2\tau-1)n .$$

[Brownawell, 1971a, th.3].

Exercice 7.2.e. Soient $\ell_1,\ldots,\ell_h$ $(h \geqslant 1)$ des logarithmes $\mathbb{Q}$-linéairement indépendants de nombres algébriques. On note $\alpha_j = e^{\ell_j}$. Soit n le plus petit entier $\geqslant 8+\frac{7}{h}$, et soit β un nombre algébrique de degré $\geqslant n$.

Montrer que trois des nombres

$$e^{\ell_j\beta^k} = \alpha_j^{\beta^k} \qquad (j = 1,\ldots,h \; ; \; k = 1,\ldots,n)$$

sont algébriquement indépendants.

(Indications. On utilisera l'exercice 7.2.d, avec le fait que le corps $\mathbb{Q}(\alpha,\beta,\alpha^\beta)$ a un type de transcendance $\leqslant 4$ sur $\mathbb{Q}$ (cf. §4.6). On utilisera le théorème 8.1.1 de Baker pour montrer que les nombres $\ell_1,\ldots,\ell_h$ sont linéairement indépendants sur $\mathbb{Q}(\beta)$). En déduire les résultats suivants

1. Si $\alpha \neq 0,1$ est algébrique, et si β est algébrique de degré 15, alors trois des 14 nombres

$$\alpha^\beta \; , \; \alpha^{\beta^2},\ldots,\alpha^{\beta^{14}}$$

sont algébriquement indépendants sur $\mathbb{Q}$.

2. Si α_1 , α_2 sont deux nombres algébriques possédant des logarithmes $\mathbb{Q}$-linéairement indépendants, et si β est un nombre algébrique de degré 12, alors trois des 22 nombres

$$\alpha_1^{\beta^k} \; , \; \alpha_2^{\beta^k} \; , \; (k = 1,2,\ldots,11)$$

sont algébriquement indépendants.

3. Si $\mathrm{Log}\,\alpha_1$, $\mathrm{Log}\,\alpha_2$, $\mathrm{Log}\,\alpha_3$ sont trois logarithmes $\mathbb{Q}$-linéairement indépendants de nombres algébriques, et si β est un nombre algébrique de degré 11, trois des 30 nombres

$$\alpha_1^{\beta^k} \, , \, \alpha_2^{\beta^k} \, , \, \alpha_3^{\beta^k} \, , \quad (k = 1,\ldots,10)$$

sont algébriquement indépendants.

4. Si α_1 , α_2 , α_3 , α_4 sont quatre nombres algébriques dont les logarithmes sont $\mathbb{Q}$-linéairement indépendants, et si β est un nombre algébrique de degré 10, alors trois des 36 nombres

$$\alpha_1^{\beta^k} \, , \, \alpha_2^{\beta^k} \, , \, \alpha_3^{\beta^k} \, , \, \alpha_4^{\beta^k} \, , \quad (k = 1,\ldots,9)$$

sont algébriquement indépendants.

5. Si $\alpha_1,\ldots,\alpha_8$ sont huit nombres algébriques dont les logarithmes sont $\mathbb{Q}$-linéairement indépendants, et si β est un nombre algébrique de degré 9, alors 3 des 64 nombres

$$\alpha_i^{\beta^k} \, , \quad (k = 1,\ldots,8 \; ; \; i = 1,\ldots,8)$$

sont algébriquement indépendants.

Comparer ces résultats avec ceux de [Smelev, 1971].

Exercice 7.2.f. On suppose que le corps K_2 est une extension de degré de transcendance 1 d'un corps L, et que L a un type de transcendance $\leqslant (\tau,\tau')$ sur $\mathbb{Q}$, avec

$$\tau' < 1 - \frac{2\tau}{m+1} .$$

Montrer que

$$mn < 2\tau m + (2\tau-1)n .$$

(Utiliser l'exercice 5.4.d et le théorème 7.2.8).

Exercice 7.3.a. On suppose que le corps K_3 du théorème 7.3.4 a un type de transcendance $\leqslant (\tau,\tau')$ sur $\mathbb{Q}$ ($\tau > 1$, $\tau' \in \mathbb{R}$). Montrer que, si $\tau' < 0$, on a

$$mn < (\tau-1)(m+n).$$

En déduire que, si $\tau' \geqslant 0$, alors

$$mn \leqslant (\tau-1)(m+n).$$

Exercice 7.3.b. On suppose qu'il existe un sous-corps L de K_3, de type de transcendance $\leqslant \tau$ sur $\mathbb{Q}$. Montrer que, si

$$mn > (2\tau-1)(m+n),$$

alors le degré de transcendance de K_3 sur L est supérieur ou égal à 2.

[Brownawell, 1971a, th.4].

Exercice 7.3.c. Soit t un nombre complexe transcendant. On suppose que le corps $\mathbb{Q}(t)$ a un type de transcendance $\leqslant \tau$ sur $\mathbb{Q}$. $(\tau \geqslant 2)$. Soit $a \in \mathbb{C}$, $a \neq 0$. Montrer que, si $mn > (2\tau-1)(m+n)$, alors trois des nombres

$$a \, , \, t \, , \, e^{a} \, , \, e^{at} , \ldots , e^{at^{m+n-2}}$$

sont algébriquement indépendants.

(Appliquer l'exercice 7.3.b)

Quelles sont les valeurs intéressantes de m et n quand t est égal successivement à

$$\pi \, , \, e \, , \, \mathrm{Log}\, 2 \, , \, e^{\pi} \, , \, 2^{\sqrt{2}} \, , \, \frac{\mathrm{Log}\, 2}{\mathrm{Log}\, 3} \; ?$$

(Utiliser les résultats cités au § 4.6).

En déduire que 3 des nombres

$$e \, , \, e^{e} \, , \, e^{e^{2}} , \ldots , e^{e^{19}}$$

sont algébriquement indépendants sur $\mathbb{Q}$.

Exercice 7.3.d. Soit β un nombre algébrique de degré $\geqslant 11$. Soit $\ell \neq 0$ un logarithme d'un nombre algébrique α. Montrer que 3 des 20 nombres

$$\ell\ ,\ e^{\beta\ell} = \alpha^{\beta}, \ldots, e^{\beta^{19}\ell} = \alpha^{\beta^{19}}$$

sont algébriquement indépendants.

(Utiliser l'exercice 7.3.b avec le fait que le corps $\mathbb{Q}(\alpha^{\beta})$ a un type de transcendance $\leqslant 4$ sur $\mathbb{Q}$). En déduire que, si $[\mathbb{Q}(\beta):\mathbb{Q}] = 11$, alors

$$\dim_{\mathbb{Q}} \mathbb{Q}(\ell\ , \alpha^{\beta}, \ldots, \alpha^{\beta^{10}}) \geqslant 3\ .$$

Exercice 7.3.e. On suppose qu'il existe un sous-corps L de K_3, de type de transcendance $\leqslant (\tau,\tau')$ sur $\mathbb{Q}$, tel que $\dim_L K_3 \leqslant 1$. Montrer que, si $\tau' < 0$, alors

$$mn < (2\tau-1)(m+n)\ .$$

En déduire le résultat de l'exercice 7.3.b.

(Utiliser l'exercice 5.4.d et le théorème 7.3.1).

Exercice 7.4.a. Soit $\beta \neq 0$ un nombre algébrique ; soit $\ell \neq 0$ un logarithme d'un nombre algébrique ; soit $r \neq 0$ un nombre rationnel. Montrer que l'un des deux nombres

$$e^{\beta \ell^{r+1}} , e^{\beta \ell^{2r+1}}$$

est transcendant.

En déduire que, si a et b sont deux nombres algébriques, $b \neq 0$, alors les trois nombres

$$e^{be^{a}} , e^{be^{2a}} , e^{be^{3a}}$$

ne sont pas tous algébriques.

Exercice 7.4.b. Soient x et y deux nombres complexes, $x \neq 0$ et $y \notin \mathbb{Q}$. On suppose e^{xy} et e^{xy^2} algébriques. Montrer que deux des trois nombres

$$x , y , e^{x}$$

sont algébriquement indépendants.

En déduire que, si $\alpha \neq 0$ est algébrique, alors l'un au moins des deux nombres

$$\exp(\alpha e^{\alpha}) , \exp(\alpha e^{2\alpha})$$

est transcendant.

Exercice 7.4.c. Soient α et β deux nombres algébriques non nuls ; montrer que les nombres

$$\exp(\beta e^{\alpha}) \ , \ \exp(\frac{\beta^2}{\alpha} e^{2\alpha})$$

ne sont pas tous deux algébriques.

En déduire que, si $\alpha \neq 1$, l'un des deux nombres

$$\mathrm{Log}\,\mathrm{Log}\,\alpha^{\beta} \ , \ \exp \frac{(\mathrm{Log}\,\alpha)^2}{\mathrm{Log}\,\mathrm{Log}\,\alpha^{\beta}}$$

est transcendant.

Exercice 7.4.d. Soient ℓ_1 , ℓ_2 , ℓ_3 des logarithmes de nombres algébriques ; on suppose que ℓ_1 et ℓ_3 , ainsi que ℓ_2 et ℓ_3 , sont $\mathbb{Q}$-linéairement indépendants. Montrer que

$$\dim_{\mathbb{Q}} \mathbb{Q}(\ell_1 , \ell_2 , \ell_3 , \exp(\frac{\ell_1 \ell_2}{\ell_3})) \geq 2 \ .$$

En déduire, pour $r \neq 1$ rationnel, la transcendance de l'un au moins des deux nombres

$$e^{i\pi^r} \ , \ e^{i\pi^{2-r}} \ .$$

Exercice 7.4.e. Soient α et β deux nombres algébriques non nuls ; soit $\ell \neq 0$ un logarithme de β. On suppose que le nombre

$$\exp(\frac{\ell^2}{\alpha})$$

est algébrique. Montrer que les deux nombres

$$\ell \, , \, e^{\alpha}$$

sont algébriquement indépendants.

Exercice 7.5.a. Donner un exemple de nombres algébriques $\beta_1,\dots,\beta_n$, irrationnels et $\mathbb{Q}$-linéairement indépendants, et d'un logarithme $\ell \neq 0$ d'un nombre algébrique, tels que les nombres

$$e^{\ell\beta_1},\dots,e^{\ell\beta_n}$$

soient algébriquement dépendants.

(Comparer avec le septième problème de [Schneider, T] et la conjecture 7.5.4).

Exercice 7.5.b. Démontrer que la conjecture 7.5.5 est une conséquence de celle de Schanuel.

(Indications. Soit $n+\ell$ $(0 \leqslant \ell \leqslant n)$ la dimension du $\mathbb{Q}$-espace vectoriel engendré par les nombres

$$u_1,\dots,u_n \ , \ vu_1,\dots,vu_n \ ;$$

montrer que

$$\dim_{\mathbb{Q}} \mathbb{Q}(v\,,u_1,\dots,u_n) \leqslant \ell+1) \ .$$

L'hypothèse v transcendant est-elle nécessaire pour que la conjecture 7.5.5 soit raisonnable - c'est-à-dire conséquence de 7.5.2 ? (considérez les nombres

$$v = \sqrt{2} \ , \ u_1 = \operatorname{Log} 2 \ , \ u_2 = \sqrt{2}\operatorname{Log} 2 \ , \ u_3 = \operatorname{Log} 3 \ , \ u_4 = \sqrt{2}\operatorname{Log} 3 \ ).$$

En déduire que la conjecture 1 de [Waldschmidt, 1971 a] est fausse. Donner un contre exemple semblable à une conjecture de [Ramachandra, 1967, p. 87-88].

Exercice 7.5.c. Déduire de la conjecture 7.5.2 de Schanuel

1) l'indépendance algébrique des 16 nombres

e , π , e^{π} , $\mathrm{Log}\,\pi$, e^{e} , π^{e} , π^{π} , $\mathrm{Log}\,2$, 2^{π} , 2e , 2^{i} , e^{i} , π^{i} , $\mathrm{Log}\,3$, $(\mathrm{Log}\,2)^{\mathrm{Log}\,3}$, $2^{\sqrt{2}}$.

2) la transcendance de l'un des deux nombres

$$x \, , \, x^{e} \, ,$$

pour $x \in \mathbb{C}$, $x \neq 0$, $x \neq 1$.

3) la transcendance de l'un au moins des nombres

$$x^{x} \, , \, x^{x^{2}} \, ,$$

pour $x \in \mathbb{C}$, $x \notin \mathbb{Q}$.

Exercice 7.5.d. On définit par récurrence une suite croissante (K_n) de sous-corps de $\mathbb{C}$ de la manière suivante :

$$K_o = \overline{\mathbb{Q}} \; ; \; K_n = \overline{K_{n-1}(\exp(K_{n-1}))} \; ;$$

autrement dit K_n est la clôture algébrique dans $\mathbb{C}$ du corps obtenu en adjoignant à K_{n-1} les nombres

$$\exp t \, , \, t \in K_{n-1} \, .$$

Déduire de 7.5.2 la conjecture suivante :

$$\pi \notin \bigcup_{n \geq o} K_n \, .$$

[Lang, 1971, p. 639].

CHAPITRE 8

La méthode de Baker

§8.1 Indépendance linéaire de logarithmes

Nous avons vu (2.1.2) que le théorème de Gel'fond Schneider pouvait être formulé de la manière suivante :

si ℓ_1 , ℓ_2 sont deux logarithmes $\mathbb{Q}$-linéairement indépendants de deux nombres algébriques, alors ℓ_1 , ℓ_2 sont $\overline{\mathbb{Q}}$-linéairement indépendants.

D'autre part le théorème (3.1.1) de Hermite Lindemann peut s'énoncer :

si ℓ est un logarithme non nul d'un nombre algébrique, alors 1 , ℓ sont $\overline{\mathbb{Q}}$-linéairement indépendants.

En 1966, Baker montra qu'il était possible de généraliser le théorème de Gel'fond Schneider au cas de plusieurs logarithmes $\ell_1,\ldots,\ell_n$ [Baker, 1966], résolvant ainsi une conjecture dont Gel'fond avait montré l'importance [Gel'fond, T, p. 126 et 177]. Puis, en 1967, Baker généralisait son résultat [Baker, 1967], en démontrant le

Théorème 8.1.1. *Soient $\ell_1,\ldots,\ell_n$ des logarithmes $\mathbb{Q}$-linéairement indépendants de nombres algébriques. Alors les nombres*

$$1 , \ell_1,\ldots,\ell_n$$

sont $\overline{\mathbb{Q}}$-linéairement indépendants.

On déduit évidemment de ce théorème celui de Gel'fond Schneider et celui de Hermite Lindemann. D'autre part, soit L l'ensemble des logarithmes de nombres algébriques :

$$L = \{\ell \in \mathbb{C} \; ; \; e^{\ell} \in \overline{\mathbb{Q}}\} .$$

Alors L est un sous $\mathbb{Q}$-espace vectoriel de $\mathbb{C}$, et le théorème de Baker contient les deux corollaires suivants [Serre, 1969] :

Corollaire 8.1.2. Tout élément non nul de

$$\overline{\mathbb{Q}}.L = \{\alpha_1\ell_1+\ldots+\alpha_m\ell_m \; ; \; \alpha_i \in \overline{\mathbb{Q}} \; , \; \ell_i \in L \; , \; n \geqslant 1\}$$

est transcendant.

Corollaire 8.1.3. L'injection de L dans $\mathbb{C}$ se prolonge en une application $\overline{\mathbb{Q}}$-linéaire et injective de $\overline{\mathbb{Q}} \otimes_{\mathbb{Q}} L$ dans $\mathbb{C}$.

On pourra vérifier, en utilisant des arguments simples d'algèbre linéaire, que le théorème de Baker est équivalent à l'ensemble des deux corollaire 8.1.2 et 8.1.3, et que le corollaire 8.1.3 est équivalent au suivant :

Corollaire 8.1.4. Soient $\ell_1,\ldots,\ell_m$ des logarithmes non nuls de nombres algébriques $\alpha_1,\ldots,\alpha_m$, et $\beta_1,\ldots,\beta_m$ des nombres algébriques. On suppose

$$1 \; , \; \beta_1,\ldots,\beta_m$$

$\mathbb{Q}$-linéairement indépendants. Alors le nombre

$$e^{\beta_1\ell_1+\ldots+\beta_m\ell_m} = \alpha_1^{\beta_1}\ldots\alpha_m^{\beta_m}$$

est transcendant.

Voici deux derniers corollaires concernant les produits de nombres α^{β} .

Corollaire 8.1.5. Soient $\ell_1,\ldots,\ell_m$ des logarithmes $\mathbb{Q}$-linéairement indépendants de nombres algébriques, et $\beta_1,\ldots,\beta_m$ des nombres algébriques. On suppose que l'un au moins des nombres $\beta_1,\ldots,\beta_m$ est irrationnel. Alors le nombre

$$\exp(\beta_1 \ell_1 + \ldots + \beta_m \ell_m) = \alpha_1^{\beta_1} \ldots \alpha_m^{\beta_m}$$

<u>est transcendant.</u>

<u>Corollaire</u> 8.1.6. <u>Soient</u> $\ell_1, \ldots, \ell_m$ <u>des logarithmes de nombres algébriques</u> $\alpha_1, \ldots, \alpha_m$, <u>et</u> $\beta_0, \beta_1, \ldots, \beta_m$ <u>des nombres algébriques,</u> $\beta_0 \neq 0$. <u>Alors le nombre</u>

$$\exp(\beta_0 + \beta_1 \ell_1 + \ldots + \beta_m \ell_m) = e^{\beta_0} . \alpha_1^{\beta_1} \ldots \alpha_m^{\beta_m}$$

<u>est transcendant.</u>

On peut résumer les trois derniers corollaires en disant que, cas triviaux exclus, le nombre

$$e^{\beta_0} \alpha_1^{\beta_1} \ldots \alpha_m^{\beta_m}$$

est transcendant (pour $\alpha_1, \ldots, \alpha_m$, β_0 , $\beta_1, \ldots, \beta_m$ algébriques).

§8.2 <u>Principe de la démonstration</u>

La démonstration va s'effectuer par l'absurde. On suppose que $\ell_1, \ldots, \ell_n$ sont des logarithmes $\mathbb{Q}$-linéairement indépendants de nombres algébriques $\alpha_1, \ldots, \alpha_n$, et que les nombres

$$1 , \ell_1, \ldots, \ell_n$$

sont $\overline{\mathbb{Q}}$-linéairement dépendants ; on souhaite arriver à une contradiction. Ecrivons une relation non triviale de dépendance linéaire sur $\overline{\mathbb{Q}}$ des nombres $1 , \ell_1, \ldots, \ell_n$:

$$\beta_0 + \beta_1 \ell_1 + \ldots + \beta_n \ell_n = 0 \ , \ \beta_j \in \overline{\mathbb{Q}} \ , \ (\beta_0, \ldots, \beta_n) \neq (0, \ldots, 0) \ .$$

L'un au moins des nombres $\beta_1, \ldots, \beta_n$ est non nul ; par exemple $\beta_n \neq 0$. Quitte à diviser tous les β_j par $-\beta_n$, on peut supposer $\beta_n = -1$, et

(8.2.1) $$\ell_n = \beta_0 + \beta_1 \ell_1 + \ldots + \beta_{n-1}\ell_{n-1} \ ; \ \beta_i \in \overline{\mathbb{Q}} \ , \ (0 \leqslant i \leqslant n-1).$$

L'indépendance linéaire sur $\mathbb{Q}$ des nombres $\ell_1, \ldots, \ell_n$ montre que les fonctions

$$z \ , \ e^{\ell_1 z}, \ldots, e^{\ell_n z}$$

sont algébriquement indépendantes (lemme 1.4.1). Ces fonctions prennent des valeurs dans le corps

$$\mathbb{Q}(\alpha_1, \ldots, \alpha_n)$$

pour tout $z \in \mathbb{Z}$. Le premier pas consistera à construire un polynôme non nul

$$P \in \mathbb{Z}[X_0 \ , X_1, \ldots, X_n]$$

(dépendant d'un paramètre N suffisamment grand), tel que la fonction

(8.2.2) $$F(z) = P(z \ , e^{\ell_1 z}, \ldots, e^{\ell_n z})$$

possède de nombreux zéros. Pour utiliser (8.2.1), il faut faire intervenir les dérivées de F, c'est-à-dire imposer à ces zéros un ordre de multiplicité élevé (comme dans la méthode de Gel'fond). Mais ces dérivées prennent, pour $z \in \mathbb{Z}$, des valeurs dans le corps

$$E = \overline{\mathbb{Q}}(\ell_1, \ldots, \ell_{n-1}) \ ,$$

qui n'est pas une extension algébrique de $\mathbb{Q}$ (d'ailleurs, on ne connait, pour son degré de transcendance sur $\mathbb{Q}$, que l'encadrement

$$1 \leqslant \dim_{\mathbb{Q}} E \leqslant n-1 \ ;$$

on ne connait donc pas de type de transcendance de E sur $\mathbb{Q}$).

Pour résoudre, dans $\mathbb{Z}$, un système d'équations

$$\sum_{i=1}^{\nu} a_{i,j}\, x_i = 0 \quad , \quad (1 \leqslant j \leqslant m)$$

à coefficients $a_{i,j}$ dans $\mathbb{Q}[\ell_1,\ldots,\ell_{n-1}]$, on exprime chacun des nombres

$$\sum_{i=1}^{\nu} a_{i,j}\, x_i \qquad , \quad (1 \leqslant j \leqslant m) ,$$

comme polynômes en $\ell_1,\ldots,\ell_n$; les coefficients de ces polynômes sont des formes linéaires à coefficients algébriques en $x_1,\ldots,x_\nu$; on peut alors utiliser le lemme 1.3.1 de Siegel pour annuler chacun de ces coefficients, ce qui résoudra le système. On peut remarquer que, dans les méthodes précédentes, le nombre m d'équations était toujours du même ordre de grandeur que le nombre ν d'inconnues, alors qu'ici il devra être beaucoup plus petit.

Il faut donc exprimer les nombres

$$\frac{d^s}{dz^s} F(x) \quad , \quad s \text{ entier} \geqslant 0 \ , \ x \in \mathbb{Z} ,$$

comme polynômes en $\ell_1,\ldots,\ell_{n-1}$. Pour cela, on écrit explicitement $P \in \mathbb{Z}[X_0,\ldots,X_n]$:

$$P = \sum_{\lambda_0 \geqslant 0} \cdots \sum_{\lambda_n \geqslant 0} p(\lambda_0,\ldots,\lambda_n) X_0^{\lambda_0} \cdots X_n^{\lambda_n} \ ;$$

la fonction F , définie par (8.2.2), s'écrit

$$F(z) = \sum_{(\lambda)} p(\lambda)\, z^{\lambda_0} \exp(\lambda_1 \ell_1 + \ldots + \lambda_n \ell_n) z \ ,$$

où $(\lambda) = (\lambda_0,\ldots,\lambda_n)$. Grâce à la relation (8.2.1), on peut également écrire F sous la forme

(8.2.3) $$F(z) = \sum_{(\lambda)} p(\lambda)\, z^{\lambda_0} \exp\Big(\lambda_n \beta_0 + \sum_{i=1}^{n-1} (\lambda_i + \lambda_n \beta_i) \ell_i\Big) z \ .$$

C'est sous cette forme que l'on calcule les dérivées de F :

(8.2.4) $$\frac{d^s}{dz^s} F = \sum_{\sigma_0+\ldots+\sigma_{n-1}=s} \frac{s\,!}{\sigma_0! \ldots \sigma_{n-1}!}\, \ell_1^{\sigma_1} \ldots \ell_{n-1}^{\sigma_{n-1}} F_{\sigma_0,\ldots,\sigma_{n-1}} \ ,$$

où, pour $(\sigma_o,\dots,\sigma_{n-1}) \in \mathbb{N}^n$, on définit

$$(8.2.5)\quad F_{\sigma_o,\dots,\sigma_{n-1}}(z) = \sum_{(\lambda)} p(\lambda) \cdot \frac{d^{\sigma_o}}{dz^{\sigma_o}} (z^{\lambda_o} e^{\lambda_n \beta_o z}) \cdot \prod_{i=1}^{n-1} (\lambda_i+\lambda_n\beta_i)^{\sigma_i} \cdot$$
$$\cdot \exp(\sum_{i=1}^{n-1} (\lambda_i+\lambda_n\beta_i)\ell_i z) .$$

On remarque que les fonctions $F_{\sigma_o,\dots,\sigma_{n-1}}$ prennent des valeurs dans le corps de nombres

$$K = \mathbb{Q}(\alpha_1,\dots,\alpha_n \ , \ \beta_o,\dots,\beta_{n-1}) ,$$

pour tout $z \in \mathbb{Z}$; d'autre part, grâce à (8.2.4), il suffit d'annuler tous les nombres

$$F_{\sigma_o,\dots,\sigma_{n-1}}(z) \ , \ (\sigma_o+\dots+\sigma_{n-1} = s) \ ,$$

pour en déduire

$$\frac{d^s}{dz^s} F(z) = 0 .$$

Ainsi, pour effectuer le premier pas, on résout un système

$$F_{\sigma_o,\dots,\sigma_{n-1}}(z) = 0 ,$$

pour des valeurs convenables de $z , \sigma_o,\dots,\sigma_{n-1}$.

Nous avons déjà remarqué que le nombre de zéros connus de F , c'est-à-dire le nombre d'équations

$$\frac{d^s}{dz^s} F(z) = 0 ,$$

doit être beaucoup plus petit que le nombre de coefficients de F . A cause de ce fait, pour trouver une valeur non nulle de F (deuxième pas), on cherche un couple

$$(t,x) \in \mathbb{Z}\times\mathbb{Z} \ , \ t \geqslant 0 ,$$

tel que

$$\frac{d^t}{dz^t} F(x) \neq 0 ,$$

et tel que (t,x) appartienne à une région $\mathcal{R}$ de $\mathbb{Z}\times\mathbb{Z}$ ayant la forme suivante (dans le cas classique de la méthode de Gel'fond par exemple, on choisit pour $\mathcal{R}$ un rectangle) :

(8.2.6)

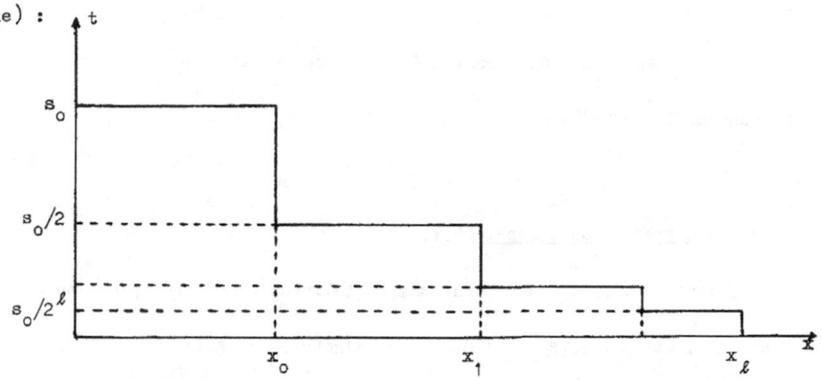

Le théorème (6.1.1) nous permettra de trouver un tel couple (t,x), ce qui montre l'existence d'entiers $\tau_0,\dots,\tau_{n-1}$, vérifiant

$$\tau_0+\dots+\tau_{n-1} = t \ , \ \tau_j \geqslant 0 \ , \text{ et } \ \xi = F_{\tau_0,\dots,\tau_{n-1}}(x) \neq 0 \ .$$

Le nombre ξ est un élément non nul du corps de nombres

$$K = \mathbb{Q}(\alpha_1,\dots,\alpha_n \ , \ \beta_0,\dots,\beta_{n-1})$$

et il est facile de majorer la taille $s(\xi)$ de ξ (<u>troisième pas</u>). Il reste à majorer ξ (<u>quatrième pas</u>) pour obtenir une contradiction avec 1.2.3. L'originalité de la méthode de Baker se trouve essentiellement dans ce quatrième pas. Pour utiliser l'argument classique du principe du maximum, on est amené à dériver la fonction $F_{\tau_0,\dots,\tau_{n-1}}$. On déduit facilement de (8.2.5) la relation fondamentale suivante :

(8.2.7) $$\frac{d^u}{dz^u} F_{\tau_0,\ldots,\tau_{n-1}} = \sum_{\mu_0+\ldots+\mu_{n-1}=u} \frac{u!}{\mu_0!\ldots\mu_{n-1}!} \ell_1^{\mu_1}\ldots\ell_{n-1}^{\mu_{n-1}} \cdot$$
$$\cdot F_{\tau_0+\mu_0,\ldots,\tau_{n-1}+\mu_{n-1}} .$$

La forme de la région $\mathcal{R}$ (8.2.6) montre alors que la fonction $F_{\tau_0,\ldots,\tau_{n-1}}$ possède de nombreux zéros, avec un ordre de multiplicité élevé, ce qui permet de conclure.

Une présentation légèrement différente de cette méthode est proposée dans [Waldschmidt, 1973b].

§8.3 Démonstration du théorème 8.1.1

Soient $\ell_1,\ldots,\ell_n$ des logarithmes $\mathbb{Q}$-linéairement indépendants de nombres algébriques, et $\beta_0,\ldots,\beta_{n-1}$ des nombres algébriques. Soit

$$K = \mathbb{Q}(e^{\ell_1} = \alpha_1,\ldots,e^{\ell_n} = \alpha_n , \beta_0,\ldots,\beta_{n-1}) .$$

On note $\delta = [K:\mathbb{Q}]$ le degré de K sur $\mathbb{Q}$, et ∂ le p.p.c.m. des nombres entiers positifs

$$d(\alpha_1),\ldots,d(\alpha_n) , d(\beta_0),\ldots,d(\beta_{n-1}) .$$

On suppose

(8.2.1) $$\ell_n = \beta_0 + \beta_1\ell_1+\ldots+\beta_{n-1}\ell_{n-1} ,$$

et on souhaite arriver à une contradiction.

Soit N un entier positif suffisamment grand, divisible par 4^n . Si ℓ est un entier positif ou nul, on note

$$\Lambda_\ell = \{(x , \sigma_0,\ldots,\sigma_{n-1}) \in \mathbb{N}^{n+1} ; 1 \leqslant x \leqslant N^{n+\frac{\ell}{2}} ; \sigma_0+\ldots+\sigma_{n-1} \leqslant 2^{-\ell}N^{2n}\} .$$

On peut remarquer que la région $\mathcal{R}$ dessinée en 8.2.6 est une réunion d'ensembles

$$\{(x,t)\in \mathbb{Z}\times\mathbb{Z} \ ; \text{ il existe } \sigma_o,\dots,\sigma_{n-1} \text{ , tels que } (x\,,\,\sigma_o,\dots,\sigma_{n-1})\in\Lambda_\ell \text{ et } \sigma_o+\dots+\sigma_{n-1}=t\}\ ,$$

avec $s_o = N^{2n}$ et $x_\ell = N^{n+\frac{\ell}{2}}$.

Pour commencer, nous allons prouver l'<u>existence d'entiers rationnels</u>

$$p(\lambda) = p(\lambda_o,\dots,\lambda_n)\ ,\ (0 \leqslant \lambda_o < 2\delta N^{2n}\ ;\ 0 \leqslant \lambda_j < N^{2n-1}\ ,\ 1 \leqslant j \leqslant n)\ ,$$

<u>non tous nuls, vérifiant</u>

(8.3.1) $$\operatorname{Log} \max_{(\lambda)} |p(\lambda)| << N^{3n-1} \operatorname{Log} N\ ,$$

<u>et tels que les fonctions</u> (8.2.5)

$$F_{\sigma_o,\dots,\sigma_{n-1}}(z) = \sum_{(\lambda)} p(\lambda) \sum_{\mu=0}^{\sigma_o} \frac{\sigma_o!}{\mu!(\sigma_o-\mu)!}\cdot\frac{\lambda_o!}{(\lambda_o-\mu)!}\cdot (\beta_o\lambda_n)^{\sigma_o-\mu}\cdot\prod_{j=1}^{n-1}(\lambda_j+\lambda_n\beta_j)^{\sigma_j}\cdot z^{\lambda_o-\mu}\cdot e^{(\lambda_1\ell_1+\dots+\lambda_n\ell_n)z}\ ,$$

<u>définies pour</u> $(\sigma_o,\dots,\sigma_{n-1})\in\mathbb{N}^n$, <u>vérifient</u>

$$F_{\sigma_o,\dots,\sigma_{n-1}}(x) = 0 \quad \underline{\text{pour}} \quad (x\,,\,\sigma_o,\dots,\sigma_{n-1})\in\Lambda_o\ .$$

Pour cela, on cherche à résoudre le système

$$\delta^{N^{2n}+n.N^{3n-1}}\cdot F_{\sigma_o,\dots,\sigma_{n-1}}(x) = 0 \quad \text{pour} \quad (x\,,\,\sigma_o,\dots,\sigma_{n-1})\in\Lambda_o\ .$$

C'est un système linéaire homogène en $p(\lambda)$, de moins de N^{2n^2+n} équations à $2\delta N^{2n^2+n}$ inconnues, à coefficients dans K entiers sur $\mathbb{Z}$. De plus on peut majorer la taille de ces coefficients :

$$t(\text{coefficients}) << N^{3n-1} + N^{2n}\operatorname{Log} N\ .$$

Le lemme 1.3.1 de Siegel permet de résoudre ce système dans $\mathbb{Z}$, tout en vérifiant

(8.3.1).

Considérons la fonction (8.2.2) ainsi construite :

$$F(z) = \sum_{(\lambda)} p(\lambda)\, z^{\lambda_o} \exp(\sum_{i=1}^{n} \lambda_i \ell_i z) .$$

Elle est non nulle (grâce à l'indépendance linéaire sur $\mathbb{Q}$ de $\ell_1,\ldots,\ell_n$, et au lemme 1.4.1) ; d'après le théorème 6.1.1, le nombre de zéros de F , dans le disque

$$|z| \leqslant N^{2n^2+n} ,$$

est inférieur à

$$4\delta . N^{2n^2+n} + 5.N^{2n^2+n}.N^{2n-1}(|\ell_1|+\ldots+|\ell_n|) ,$$

ce qui est strictement inférieur à

$$2^{-4n^2}.N^{2n^2+3n} ,$$

dès que N est suffisamment grand. Par conséquent les nombres

$$\frac{d^s}{dz^s} F(x) , \ 1 \leqslant x \leqslant N^{2n^2+n} , \ 0 \leqslant s < 2^{-4n^2}.N^{2n} ,$$

ne sont pas tous nuls. Les relations (8.2.4) montrent qu'il existe un entier ℓ ,

$$1 \leqslant \ell \leqslant 4n^2 ,$$

tel que l'un des nombres

$$F_{\sigma_o,\ldots,\sigma_{n-1}}(x) , \ ((x,\sigma_o,\ldots,\sigma_{n-1}) \in \Lambda_\ell) ,$$

soit non nul. <u>On choisit pour ℓ le plus petit de ces entiers</u>, et on désigne par

$$\xi_N = F_{\sigma_o,\ldots,\sigma_{n-1}}(x)$$

l'un de ces nombres non nuls, avec

$$(x , \sigma_o,\ldots,\sigma_{n-1}) \in \Lambda_\ell .$$

Alors ξ_N est un élément de K dont il est facile de majorer la taille, en utilisant (8.2.5)

$$s(\xi_N) \ll N^{3n+\frac{\ell}{2}-1}.\text{Log } N .$$

Nous allons montrer que ξ_N vérifie

$$(8.3.2) \qquad \text{Log}|\xi_N| \leqslant - N^{3n+\frac{\ell}{2}-\frac{1}{2}} ;$$

ainsi ξ_N ne vérifiera pas la relation (1.2.3) :

$$-2[K:\mathbb{Q}]\ s(\xi_N) \leqslant \text{Log}|\xi_N| ,$$

bien que $\xi_N \in K$ soit non nul. Cette contradiction terminera la démonstration.

Pour démontrer (8.3.2), on remarque que, d'après le choix de l'entier ℓ, on a

$$F_{\tau_0,\dots,\tau_{n-1}}(y) = 0 \quad \text{pour} \quad (y, \tau_0,\dots,\tau_{n-1}) \in \Lambda_{\ell-1} ;$$

or, comme $(x, \sigma_0,\dots,\sigma_{n-1}) \in \Lambda_\ell$, pour

$$\mu_0+\dots+\mu_{n-1} = u , \ 0 \leqslant u \leqslant 2^{-\ell} N^{2n} , \quad \text{et} \quad 1 \leqslant y \leqslant N^{\frac{\ell-1}{2}+n} ,$$

on a

$$(y, \sigma_0+\mu_0,\dots,\sigma_{n-1}+\mu_{n-1}) \in \Lambda_{\ell-1} .$$

Par conséquent, grâce aux relations 8.2.7, on constate que la fonction $F_{\sigma_0,\dots,\sigma_{n-1}}$ possède les zéros $y = 1,\dots,N^{n+\frac{\ell-1}{2}}$, d'ordre au moins égal à $2^{-\ell}N^{2n}$. On applique alors le principe du maximum, sur le disque

$$|z| \leqslant N^{n+\frac{\ell}{2}+\frac{1}{4}} = R ,$$

à la fonction entière

$$F_{\sigma_0,\dots,\sigma_{n-1}}(z) . \prod_{y=1}^{N^{n+\frac{\ell-1}{2}}} (z-y)^{2^{-\ell}.N^{2n}} .$$

Un calcul facile conduit aux majorations

$$\mathrm{Log}|F_{\sigma_0,\ldots,\sigma_{n-1}}|_R \ll N^{3n+\frac{\ell}{2}\frac{3}{4}}.\mathrm{Log}\, N ,$$

et

$$\mathrm{Log} \sup_{|z|=R} \prod_{y=1}^{N^{n+\frac{\ell-1}{2}}} \left|\frac{x-y}{z-y}\right| \leqslant -\frac{1}{5} N^{n+\frac{\ell-1}{2}}.\mathrm{Log}\, N .$$

Pour N suffisamment grand, on aura

$$\mathrm{Log}|F_{\sigma_0,\ldots,\sigma_{n-1}}|_R \leqslant N^{3n+\frac{\ell-1}{2}} ,$$

ce qui permet d'obtenir

$$\mathrm{Log}|\xi_N| \leqslant -N^{3n+\frac{\ell-1}{2}} .$$

La majoration (8.3.2) est ainsi démontrée, et on en déduit le théorème 8.1.1.

§8.4 Un énoncé effectif (sans démonstration)

Pour simplifier sa démonstration, nous avons négligé l'aspect effectif du théorème de Baker ; le théorème 8.1.1 montre qu'une forme linéaire non triviale en $1 , \ell_1,\ldots,\ell_n$, à coefficients algébriques, est non nulle ; de plus, et c'est fondamental pour les applications, on peut minorer une telle forme, en fonction des tailles des nombres $\alpha_i = e^{\ell_i}$ et des tailles des coefficients. Parmi les nombreux domaines de la théorie des nombres où ces minorations effectives interviennent, mentionnons :

- les problèmes de nombre de classes de corps quadratiques imaginaires (Baker, Stark,...)
- l'étude de l'approximation de nombres algébriques par des nombres rationnels, et la recherche de points rationnels sur des courbes algébriques (Baker, Coates,

Feldman,...)

- les propriétés de nombres ayant de grands facteurs premiers (Ramachandra, Shorey, Tijdeman).

C'est pour ces raisons que de nombreux mathématiciens (principalement Baker, Feldman et Stark) ont cherché à améliorer les minorations de formes linéaires de logarithmes de nombres algébriques. Voici, à titre d'exemple, un énoncé effectif [Feldman, 1968 b].

Théorème 8.4.1. Soient $\ell_1,\dots,\ell_n$ des logarithmes $\mathbb{Q}$-linéairement indépendants de nombres algébriques $\alpha_1,\dots,\alpha_n$; soit d un entier positif. Il existe deux constantes positives C et $\varkappa$, ne dépendant que de n, $\ell_1,\dots,\ell_n$, d, telles que, pour tous nombres algébriques $\beta_0,\dots,\beta_n$, non tous nuls, de degré inférieur ou égal à d et de hauteur inférieure ou égale à H, on ait

$$|\beta_0+\beta_1\ell_1+\dots+\beta_n\ell_n| > C.H^{-\varkappa} .$$

Les constantes C et $\varkappa$ peuvent être explicitées ; par exemple on peut choisir C et $\varkappa$ sous la forme

$$C = (1+d)^{-\varkappa}$$

et

$$\varkappa = (c_0 + 90^{n^2}.n.\mathrm{Log}\, h)^{16n^2} ,$$

où c_0 est une constante absolue (effectivement calculable) et

$$h = \max_{1\leqslant i\leqslant n} \{(1+[\mathbb{Q}(\alpha_i):\mathbb{Q}]).H(\alpha_i) \ ; \ e^{|\ell_i|}\}$$

(la hauteur $H(\alpha)$ d'un nombre algébrique α est par définition la hauteur du polynôme minimal de α sur $\mathbb{Z}$).

On peut raffiner ce résultat, par exemple dans les cas $n = 1$, ou $\beta_0 = 0$, ou $\beta_j \in \mathbb{Z}$ $(0 \leqslant j \leqslant n)$. Voir à ce sujet [Baker, 1969] et les articles récents de Baker et Stark dans les "Annals of Mathematics". Ainsi Baker (Acta Arith., 21 (1972) 117-129, et 24 (1973) 33-36) a démontré que, si n et d sont deux entiers positifs, et $A' \geqslant 2$ un nombre réel, il existe une constante $C = C(n,d,A') > 0$, effectivement calculable, ayant la propriété suivante :

si $A \geqslant 2$ et $B \geqslant 2$ sont deux nombres réels, $a_1,\ldots,a_{n-1}$ des nombres algébriques de degré inférieur ou égal à d et de hauteur inférieure ou égale à A', et a_n un nombre algébrique de degré inférieur ou égal à d et de hauteur inférieure ou égale à A , l'inégalité

$$0 < |b_1 \operatorname{Log} a_1 + \ldots + b_n \operatorname{Log} a_n| < C^{-\operatorname{Log} A . \operatorname{Log} B}$$

n'a pas de solution $(b_1,\ldots,b_n) \in \mathbb{Z}^n$ vérifiant $\max\limits_{1 \leqslant i \leqslant n} |b_i| \leqslant B$.

EXERCICES

Exercice 8.1.a

1) Montrer que chacun des corollaires 8.1.3, 8.1.4 et 8.1.5 du théorème 8.1.1 est équivalent au suivant :

(8.1.7) Si $\ell_1,\ldots,\ell_n$ sont des logarithmes $\mathbb{Q}$-linéairement indépendants de nombres algébriques, alors $\ell_1,\ldots,\ell_n$ sont $\overline{\mathbb{Q}}$-linéairement indépendants.

(Indications. Pour démontrer que 8.1.4 implique 8.1.7, considérer une relation du type

$$\beta_0\ell_0+\ldots+\beta_n\ell_n = 0 ,$$

où $\beta_0 \neq 0$, $\beta_1,\ldots,\beta_n$ sont des nombres algébriques, et $\ell_0,\ldots,\ell_n$ des logarithmes $\mathbb{Q}$-linéairement indépendants de nombres algébriques ; exprimer $\beta_0,\ldots,\beta_n$ dans une base du $\mathbb{Q}$-espace vectoriel

$$\mathbb{Q}\beta_0+\ldots+\mathbb{Q}\beta_n ,$$

pour se ramener au cas où $\beta_0,\ldots,\beta_n$ sont $\mathbb{Q}$-linéairement indépendants. Déduire de la relation

$$e^{\ell_0} = \exp\left(\sum_{i=1}^{n} \frac{\beta_i}{\beta_0}\ell_i\right)$$

une contradiction avec 8.1.4.

Pour démontrer la réciproque, partir d'une relation

$$\ell_0 = \beta_1\ell_1+\ldots+\beta_n\ell_n ,$$

où $\beta_1,\ldots,\beta_n$ sont des nombres algébriques, et $\ell_0,\ldots,\ell_n$ des logarithmes non nuls de nombres algébriques ; considérer une base du sous-$\mathbb{Q}$-espace vectoriel de $\mathbb{C}$ engendré par $\ell_0,\ldots,\ell_n$, et utiliser 8.1.7 pour montrer que les nombres

$$\beta_0 = -1 \ , \ \beta_1,\ldots,\beta_n$$

sont $\mathbb{Q}$-linéairement dépendants).

2) Montrer que les corollaires 8.1.2 et 8.1.6 sont équivalents.

3) Montrer que le théorème 8.1.1 est équivalent à l'ensemble des deux corollaires 8.1.2 et 8.1.3.

Exercice 8.1.b. Donner un exemple de nombres algébriques $\alpha_1,\ldots,\alpha_n$, $\beta_1,\ldots,\beta_n$, avec $\alpha_i \neq 0,1$, et $\beta_1,\ldots,\beta_n$ irrationnels $\mathbb{Q}$-linéairement indépendants, tels que le nombre

$$\alpha_1^{\beta_1}\ldots\alpha_n^{\beta_n}$$

soit algébrique.

Exercice 8.1.c. Soit $M \in M_n(\mathbb{C})$ une matrice qui n'est pas nilpotente. Soient $t_1,\ldots,t_m$ des nombres complexes, $\mathbb{Q}$-linéairement indépendants, tels que

$$\exp Mt_j \in GL_n(\overline{\mathbb{Q}}) \ , \ (1 \leqslant j \leqslant m).$$

1) Montrer que les nombres

$$t_1,\ldots,t_m$$

sont $\overline{\mathbb{Q}}$-linéairement indépendants.

2) On suppose que $M \in M_n(\overline{\mathbb{Q}})$; montrer que les nombres

$$1 \ , \ t_1,\ldots,t_m$$

sont $\overline{\mathbb{Q}}$-linéairement indépendants

(Indication : voir exercice 2.1.c).

Exercice 8.1.d. Le théorème 8.1.1 montre que le nombre

$$\int_0^1 \frac{dx}{1+x^3} = \frac{1}{3}\left(\mathrm{Log}\ 2 + \frac{\pi}{\sqrt{3}}\right)$$

est transcendant. Plus généralement, déduire du théorème de Baker le résultat suivant.

Soient P et Q deux polynômes non nuls de $\bar{\mathbb{Q}}[X]$, premiers entre eux. Notons $\alpha_1,\dots,\alpha_n$ les zéros distincts de Q , et $\rho_1,\dots,\rho_n$ les résidus de $\frac{P(z)}{Q(z)}$ aux pôles $\alpha_1,\dots,\alpha_n$ respectivement. Soit Γ un chemin du plan complexe, qui est fermé, ou bien qui a des extrémités algébriques ou infinies, et pour lequel l'intégrale

$$I = \int_\Gamma \frac{P(z)}{Q(z)}\, dz$$

existe. Alors le nombre I est algébrique si et seulement si

$$\int_\Gamma \sum_{k=1}^{n} \frac{\rho_k}{z-\alpha_k}\, dz = 0 .$$

En déduire que, si $\deg P < \deg Q$, et si Q n'a pas de zéros multiples (c'est-à-dire $\deg Q = n$), alors I est nul ou transcendant. [Van der Poorten, 1970].

Exercice 8.3.a. Soient $\tau \geq 1$ un nombre réel, n , m deux entiers positifs, $u_1,\dots,u_n$ (resp. $v_1,\dots,v_m$) des nombres complexes $\mathbb{Q}$-linéairement indépendants, et K un sous-corps de $\mathbb{C}$ de type de transcendance $\leq \tau$ sur $\mathbb{Q}$.

1) Soit r_1 $(1 \leq r_1 \leq m)$ la dimension du sous-K-espace vectoriel de $\mathbb{C}$ engendré par $v_1,\dots,v_m$. On suppose

$$n \geq \tau \quad \text{et} \quad mn \geq (\tau-1)(m+n) + r_1 n .$$

Montrer que l'un des nombres

$$\exp(u_i v_j) \quad , \quad (1 \leq i \leq n \ , \ 1 \leq j \leq m) \ ,$$

est transcendant sur K .

En déduire le théorème 7.2.9.

2) Soit r_2 un nombre réel positif. On suppose que le sous-K-espace vectoriel de $\mathbb{C}$ engendré par $1, v_1,\dots,v_m$, a une dimension inférieure ou égale à r_2+1 . Montrer que l'un des nombres

$$u_i \ , \ \exp(u_i v_j) \quad , \quad (1 \leq i \leq n \ , \ 1 \leq j \leq m) \ ,$$

est transcendant sur K , dès que

$$n \geq \tau \ , \ m > r \quad \text{et} \quad mn \geq (\tau-1)(m+n) + r_2 n .$$

3) généraliser ces résultats aux extensions de $\mathbb{Q}$ de type de transcendance $\leq (\tau,\tau')$ (cf. exercice 5.4.d) [Waldschmidt, 1972 b].

Exercice 8.3.b. Soient A et I deux nombres réels supérieurs ou égaux à 1. Soit φ une fonction entière. On suppose que, pour tout entier j, $0 \leqslant j \leqslant I$, les trois propriétés suivantes sont vérifiées.

(i) $\left|\frac{d^j}{dz^j}\varphi(z)\right| \leqslant \exp(A(|z|+1))$ pour tout $z \in \mathbb{C}$.

(ii) $\frac{d^j}{dz^j}\varphi(0) = 0$.

(iii) Pour tout entier $k > 0$, la condition

$$\left|\frac{d^j}{dz^j}\varphi(k)\right| < \frac{1}{4}$$

entraîne

$$\frac{d^j}{dz^j}\varphi(k) = 0 .$$

Montrer que l'on a

$$\varphi(k) = 0 \quad \text{pour} \quad 0 \leqslant k \leqslant \frac{1}{5}\exp\left(\frac{I}{2000\,A}\right) .$$

[Stolarsky](des résultats analogues ont également été obtenus par K. Ramachandra).

Exercice 8.4.a. Soient $\ell_1,\ldots,\ell_n$ des logarithmes de nombres algébriques ; montrer qu'il existe une constante $C > 0$ ne dépendant que de $\ell_1,\ldots,\ell_n$, et effectivement calculable, telle que, pour tout n-uple d'entiers $(b_1,\ldots,b_n) \in \mathbb{Z}^n$, on ait

$$b_1\ell_1+\ldots+b_n\ell_n = 0 ,$$

ou

$$|b_1\ell_1+\ldots+b_n\ell_n| > \exp(-C.\max_{1\leqslant i\leqslant n}|b_i|)$$

(Indications. Soit

$$w = e^{b_1\ell_1+\ldots+b_n\ell_n} - 1 ;$$

si $w = 0$, le nombre $b_1\ell_1+\ldots+b_n\ell_n$ est un multiple entier de $2i\pi$, et le résultat est trivial ; si $w \neq 0$, utiliser les inégalités

$$|N_{\mathbb{Q}(w)/\mathbb{Q}}(d(w).w)| \geqslant 1$$

et $$|e^z-1| \leqslant e^{|z|}-1 \leqslant |z|.e^{|z|} \quad \text{pour tout } z \in \mathbb{C}).$$

[Baker, 1967, II lemme 5 et III lemme 6].

Comparez avec [Gel'fond, T, chap.I §3 théorème IV].

APPENDICE

Théorèmes locaux

Les résultats généraux que nous avons étudiés (théorèmes 2.2.1, 3.3.1 et 4.5.1) concernaient des fonctions entières ou méromorphes dans tout le plan complexe. Il est quelquefois utile de connaître des énoncés analogues pour des fonctions analytiques ou méromorphes dans un domaine borné de $\mathbb{C}$. En voici plusieurs exemples, suivis de quelques résultats concernant le cas p-adique.

§A.1 La méthode de Schneider

Supposons, avec les notations du théorème 2.2.1, que l'ensemble $S = \bigcup_{n\geqslant 1} S_n$ soit borné. On peut alors remplacer l'hypothèse que les fonctions $f_1,\dots,f_d$ sont entières d'ordre inférieur ou égal à $\rho_1,\dots,\rho_d$ respectivement, par l'hypothèse que ces fonctions sont analytiques dans un ouvert suffisamment grand (par exemple elles peuvent être entières d'ordre infini). Plus précisément :

Théorème A.1.1. Soient K un corps de nombres, et $f_1,\dots,f_d$ des fonctions analytiques dans un disque fermé $\{z \in \mathbb{C} ; |z| \leqslant r\}$, algébriquement indépendantes sur $\mathbb{Q}$. Soit $(z_n)_{n\geqslant n_0}$ une suite de points deux à deux distincts du disque $\{z \in \mathbb{C} ; |z| \leqslant \frac{r}{3}\}$. On suppose que, pour tout $i = 1,\dots,d$ et pour tout $n \geqslant n_0$, on a

$$f_i(z_n) \in K .$$

Alors

$$(A.1.2) \qquad \sum_{i=1}^{d} \limsup_{n\to+\infty} \frac{1}{\operatorname{Log} n} \cdot \operatorname{Log} \max_{n_0 \leqslant m \leqslant n} s(f_i(z_m)) \geqslant d-1 .$$

Démonstration

Nous allons montrer que, si $\rho_1,\dots,\rho_d$ sont des nombres réels positifs tels que

$$\max_{n_0 \leqslant m \leqslant n} s(f_i(z_m)) \leqslant n^{\rho_i} \quad \text{pour } n \text{ suffisamment grand,}$$

alors on a

$$\rho_1+\dots+\rho_d \geqslant d-1 .$$

On note

$$\rho = \frac{\rho_1+\dots+\rho_d}{d} \quad \text{et} \quad \delta = [K:\mathbb{Q}] .$$

Un argument que nous avons déjà utilisé plusieurs fois (voir par exemple (2.2.5)) permet de ne considérer que le cas

$$\max_{1\leqslant i\leqslant d} \rho_i < \rho + \frac{1}{d} .$$

Il existe un nombre $r_1 > r$ tel que les fonctions $f_1,\dots,f_d$ soient analytiques dans le disque $|z| \leqslant r_1$.

Le lemme (1.3.1) de Siegel montre l'existence, pour n suffisamment grand, d'un polynôme non nul

$$P_n \in \mathbb{Z}[X_1,\dots,X_d] ,$$

de degré $\leqslant 2\delta n^{\frac{1}{d}+\rho-\rho_i}$ par rapport à X_i $(1 \leqslant i \leqslant d)$, et de taille $< \delta d\, n^{\frac{1}{d}+\rho}$, tel que la fonction

$$F_n = P_n(f_1,\dots,f_d)$$

vérifie

$$F_n(z_m) = 0 \quad \text{pour} \quad n_o \leqslant m < n_o+n .$$

Comme l'ensemble des zéros de F_n dans le compact $\{z \in \mathbb{C} \ ; \ |z| \leqslant \frac{r}{3}\}$ est fini, les nombres

$$F_n(z_\nu) \quad , \quad \nu \geqslant n_o$$

ne sont pas tous nuls. Soit ν le plus petit entier positif tel que

$$\xi_n = F_n(z_\nu) \neq 0 .$$

On a donc $\nu \geqslant n_o+n$, et ξ_n est un élément non nul de K dont la taille est majorée, grâce à (1.2.5), par

$$s(\xi_n) \leqslant 4\delta d \ \nu^{\frac{1}{d}+\rho} .$$

Pour majorer $|\xi_n|$, on utilise le principe du maximum, sur le disque $|z| \leqslant r_1$, pour la fonction

$$F_n(z) . \prod_{m=n_o}^{\nu-1} (z-z_m)^{-1} .$$

On obtient

$$\operatorname{Log}|\xi_n| \leqslant -\frac{\nu}{2} . \operatorname{Log}(\frac{3r_1-r}{2r}) .$$

La relation (1.2.3) donne alors, pour n (donc ν) suffisamment grand :

$$\frac{1}{d} + \rho \geqslant 1 ,$$

ce qui démontre le théorème A.1.1.

§A.2 La méthode de Gel'fond

Voici, sans démonstration, un résultat analogue au théorème 3.3.1 (mais plus faible) dans lequel on suppose seulement que les fonctions étudiées sont analytiques dans un disque.

Théorème A.2.1. Soient K un corps de nombres, $f_1,\ldots,f_h$ des fonctions analytiques dans un disque $\{z \in \mathbb{C} \; ; \; |z| \leqslant r\}$, et $(z_n)_{n \geqslant n_0}$ une suite de points deux à deux distincts du disque $\{z \in \mathbb{C} \; ; \; |z| \leqslant \frac{r}{3}\}$, tels que

$$f_i(z_n) \in K \quad \text{pour} \quad 1 \leqslant i \leqslant h \quad \text{et} \quad n \geqslant n_0 .$$

On suppose que deux des fonctions $f_1,\ldots,f_h$ sont algébriquement indépendantes sur $\mathbb{Q}$, et que la dérivation $\frac{d}{dz}$ opère sur le corps $K(f_1,\ldots,f_h)$. Alors on a

$$\limsup_{n \to +\infty} \frac{1}{n} \max_{\substack{1 \leqslant i \leqslant h \\ n_0 \leqslant m \leqslant n}} s(f_i(z_m)) > 0 . \tag{A.2.2}$$

Si, de plus, la dérivation $\frac{d}{dz}$ opère sur le K-espace vectoriel $K + Kf_1 + \ldots + Kf_h$, alors on a

$$\limsup_{n \to +\infty} \frac{1}{n} \max_{\substack{1 \leqslant i \leqslant h \\ n_0 \leqslant m \leqslant n}} s(f_i(z_m)) = +\infty . \tag{A.2.3}$$

§A.3 Type de transcendance

Il n'est pas difficile de généraliser les résultats des deux paragraphes précédents aux extensions de $\mathbb{Q}$ de type de transcendance fini ; on peut également les étendre aux fonctions méromorphes dans un disque. On obtient ainsi les deux énoncés suivants.

<u>Théorème</u> A.3.1. <u>On considère</u>

- <u>un sous-corps</u> K <u>de</u> $\mathbb{C}$, <u>de type de transcendance inférieur ou égal à</u> τ <u>sur</u> $\mathbb{Q}$ $(\tau \geq 1)$, <u>et de type fini sur</u> $\mathbb{Q}$

- <u>des fonctions</u> $f_1,\dots,f_d$, <u>méromorphes dans un disque</u> $\Delta = \{z \in \mathbb{C} ; |z| \leq r\}$, <u>algébriquement indépendantes sur</u> K ;

- <u>une suite</u> $(z_n)_{n\geq n_0}$ <u>de points du disque</u> $\{z \in \mathbb{C} ; |z| \leq \frac{r}{3}\}$, <u>deux à deux distincts, non pôles de</u> $f_1,\dots,f_d$, <u>tels que</u>

$$f_i(z_n) \in K \quad \underline{\text{pour}} \quad 1 \leq i \leq d \quad \underline{\text{et}} \quad n \geq n_0 ;$$

- <u>des fonctions</u> $h_1,\dots,h_d$, <u>analytiques dans</u> Δ, <u>ne s'annulant pas aux points</u> z_n, $(n \geq n_0)$, <u>et telles que</u> $h_1f_1,\dots,h_df_d$ <u>soient analytiques dans</u> Δ.

<u>Alors on a</u>

$$\sum_{i=1}^{d} \limsup_{n\to+\infty} \frac{1}{\operatorname{Log} n} \cdot \operatorname{Log} \max_{n_0\leq m\leq n} \left\{s(f_i(z_m)), \operatorname{Log}\frac{1}{|h_i(z_m)|}\right\} \geq \frac{d}{\tau} - 1 .$$

<u>Remarque</u> : On peut choisir pour h_i le polynôme unitaire dont les racines sont les pôles de f_i (comptés avec leur ordre de multiplicité) dans $|z| \leq r$.

<u>Théorème</u> A.3.2. <u>Soit</u> K <u>un sous-corps de</u> $\mathbb{C}$ <u>de type de transcendance inférieur ou égal à</u> τ <u>sur</u> $\mathbb{Q}$ <u>et de type fini sur</u> $\mathbb{Q}$. <u>Soient</u> $f_1,\dots,f_h$ <u>des fonctions méromorphes dans un disque</u> $\Delta = \{z \in \mathbb{C} ; |z| \leq r\}$; <u>soit</u> $(z_n)_{n\geq n_0}$ <u>une suite de points distincts du disque</u> $\{z \in \mathbb{C} ; |z| \leq \frac{r}{3}\}$, <u>non pôles de</u> $f_1,\dots,f_h$, <u>tels que</u>

$$f_i(z_h) \in K \quad \underline{\text{pour}} \quad 1 \leq i \leq h , \; n \geq n_0 .$$

<u>Soient</u> $g_1,\dots,g_h$ <u>des fonctions analytiques dans</u> Δ, <u>sans zéros aux points</u> z_n, $(n \geq n_0)$, <u>et telles que</u> $g_1f_1,\dots,g_hf_h$ <u>soient analytiques dans</u> Δ.

<u>Soit</u> d <u>le degré de transcendance sur</u> K <u>du corps</u> $K(f_1,\dots,f_h)$.

<u>Si la dérivation</u> $\frac{d}{dz}$ <u>opère sur le corps</u> $K(f_1,\dots,f_h)$, <u>alors on a</u>

$$\text{(A.3.3)} \qquad \limsup_{n\to+\infty} n^{-\frac{d-\tau}{\tau(d-1)}} \cdot \max_{\substack{1\leqslant i\leqslant h\\ n_0\leqslant m\leqslant n}} \{t(f_i(z_m)), -\mathrm{Log}\,|h_i(z_m)|\} > 0 .$$

<u>Si la dérivation</u> $\frac{d}{dz}$ <u>opère sur le</u> K-<u>espace vectoriel</u> $K+Kf_1+\dots+Kf_h$, <u>et si</u> $d > \tau > 1$, <u>alors</u>

$$\text{(A.3.4)} \qquad \limsup_{n\to+\infty} n^{-\frac{d-\tau}{(\tau-1)d}} \cdot \max_{\substack{1\leqslant i\leqslant h\\ n_0\leqslant m\leqslant n}} \{t(f_i(z_m)), -\mathrm{Log}\,|h_i(z_m)|\} > 0 .$$

§A.4 <u>Cas p-adique</u>

Dans tous les énoncés généraux concernant les fonctions analytiques ou méromorphes (dans un disque ou dans $\mathbb{C}$) que nous avons étudiés, on peut remplacer le corps $\mathbb{C}$ des nombres complexes par un corps $\mathbb{C}_p$ valué ultramétrique, complet, algébriquement clos, de caractéristique nulle et de caractéristique résiduelle p ($p > 0$ premier). Un exemple typique de tel corps est fourni par le complété d'une clôture algébrique de $\mathbb{Q}_p$.

On définit la fonction exponentielle p-adique par

$$\exp(z) = \sum_{n=0}^{\infty} \frac{z^n}{n!} ;$$

mais ici, la série ne converge que dans le disque $|z| < p^{-\frac{1}{p-1}}$ de $\mathbb{C}_p$ (dont on a normalisé la valeur absolue par $|p| = \frac{1}{p}$). Ainsi, contrairement au cas complexe, la fonction exponentielle p-adique n'est pas entière, mais seulement analytique dans un disque. Par conséquent, pour obtenir des résultats de transcendance sur cette fonction, il faudra utiliser les théorèmes locaux (A.1.1, A.2.1,...). On déduit par exemple de l'analogue p-adique du théorème A.1.1 les deux corollaires suivants, correspondant respectivement au théorème 2.2.3 de Lang et au théorème 2.1.1 de Gel'fond Schneider.

Théorème **A.4.1.** *Soient* $u_1, \ldots, u_n$ *(resp.* $v_1, \ldots, v_m$*) des éléments* $\mathbb{Q}$*-linéairement indépendants de* $\mathbb{C}_p$ *, tels que*

$$|u_i v_j| < p^{-\frac{1}{p-1}} \quad \text{pour} \quad 1 \leqslant i \leqslant n \,,\ 1 \leqslant j \leqslant m \,.$$

Si $mn > m+n$ *, alors un des nombres*

$$\exp(u_i v_j) \quad , \quad (1 \leqslant i \leqslant n \,,\ 1 < j < m)$$

est transcendant sur $\mathbb{Q}$.

On définit la fonction logarithme p-adique par

$$\text{Log}(1+z) = \sum_{n=1}^{\infty} (-1)^{n+1} \frac{z^n}{n} \ ;$$

cette fonction $z \mapsto \text{Log}(1+z)$ est analytique dans le disque $|z| < 1$.

Théorème **A.4.2.** *Soient* α *et* β *deux éléments de* $\mathbb{C}_p$ *, vérifiant*

$$|\alpha - 1| < 1 \quad \text{et} \quad |\beta \,\text{Log}\, \alpha| < p^{-\frac{1}{p-1}} \,.$$

On suppose que β *est irrationnel, et que* α *n'est pas racine de l'unité.* **Alors** *l'un au moins des trois nombres*

$$\alpha \ , \ \beta \ , \ \alpha^{\beta} = \exp(\beta \,\text{Log}\, \alpha)$$

est transcendant sur $\mathbb{Q}$.

Comme en complexe, on peut également obtenir ce résultat en utilisant des équations différentielles (cf. A.2.1) ; de la même manière, on obtient l'analogue p-adique du théorème 3.1.1 de Hermite Lindemann.

<u>Théorème</u> A.4.3. <u>Soit</u> $\alpha \in \mathbb{C}_p$ <u>un nombre algébrique sur</u> $\mathbb{Q}$, <u>tel que</u>

$$0 < |\alpha| < p^{-\frac{1}{p-1}} .$$

<u>Alors</u> $\exp(\alpha)$ <u>est transcendant sur</u> $\mathbb{Q}$.

La situation est moins bonne dans l'étude de l'indépendance algébrique des valeurs de la fonction exponentielle ; par exemple, dans la démonstration du théorème 4.1.2, la relation (4.4.8) :

$$-M^{\tau(m+n)} << -M^{mn} \operatorname{Log} M \quad \text{pour} \quad M \to +\infty$$

a été obtenue en utilisant le principe du maximum sur un disque très grand ; ceci est impossible en p-adique, et on obtient seulement, au même stade de la démonstration,

$$-M^{\tau(m+n)} << -M^{mn} \qquad \text{quand} \quad M \to +\infty ;$$

ainsi, pour que la conclusion du théorème 4.1.2 soit encore vérifiée, il faut supposer que l'on a l'inégalité stricte $mn > \tau(m+n)$.

De même il est facile de constater que les analogues p-adiques des théorèmes 7.1.6, 7.2.8 et 7.3.4 sont vrais, à condition de supposer

$$|u_i v_j| < p^{-\frac{1}{p-1}} , \ (1 \leqslant i \leqslant n , \ 1 \leqslant j \leqslant m) ,$$

et de remplacer la majoration de $\operatorname{Log}|\xi_N|$ par

$$\operatorname{Log}|\xi_N| << -N^{mn} \qquad \text{pour } 7.1.6 ;$$

$$\operatorname{Log}|\xi_N| << -N^{n} \qquad \text{pour } 7.2.8 ;$$

$$\operatorname{Log}|\xi_N| << -N^{mn+m+n}.(\operatorname{Log} N)^{-1} \qquad \text{pour } 7.3.4 ;$$

(les traductions des théorèmes 5.1.1 et 6.1.1 ne présentent pas de difficulté). On en déduit que les théorèmes 7.3.1 et 7.3.5 sont vrais sans changement en p-adique (dès que les nombres $\exp(u_i v_j)$ existent), tandis que, dans les hypothèses des théorèmes 4.1.2, 7.1.1, 7.2.1 et 7.2.9, il faut remplacer les inégalités larges par des inégalités strictes. Voici par exemple ce que devient le théorème 7.2.3 de Gelfond dans $\mathbb{C}_p$.

Théorème A.4.4. *Soient* α *et* β *des éléments de* $\mathbb{C}_p$, *algébriques sur* $\mathbb{Q}$, α *n'étant pas racine de l'unité et* β *étant irrationnel de degré* $r \geq 4$. *On suppose*

$$|\alpha-1| < 1 \quad \text{et} \quad |\beta^{\ell} \operatorname{Log} \alpha| < p^{-\frac{1}{p-1}}, \quad (1 \leq \ell \leq r).$$

Alors deux des cinq nombres

$$\alpha^{\beta}, \ldots, \alpha^{\beta^5}$$

sont algébriquement indépendants sur $\mathbb{Q}$.

Quand $r=3$, on ne peut déduire des résultats cités précédemment que l'indépendance algébrique de deux des nombres

$$\operatorname{Log} \alpha, \ \alpha^{\beta}, \ \alpha^{\beta^2}.$$

On conjecture que, si β est irrationnel cubique, les deux nombres

$$\alpha^{\beta}, \ \alpha^{\beta^2}$$

sont algébriquement indépendants sur $\mathbb{Q}$. Plus généralement, on peut transposer en p-adique toutes les conjectures du §7.5.

Contrairement à l'habitude, les résultats p-adiques sont donc moins bons que leurs analogues complexes ; ainsi la traduction en p-adique du théorème de Lindemann Weierstrass, ou bien du théorème de Schneider sur la transcendance de $\wp(\alpha)$, n'a pas encore été effectuée.

§A.5 Références

L'étude des propriétés locales de transcendance de valeurs de fonctions analytiques a débuté avec deux travaux de Schneider, en 1951 et 1953 ; le but en était la caractérisation de fonctions algébriques ou rationnelles par les valeurs qu'elles prennent aux points de la suite $\frac{1}{n}$; on obtient par exemple un des énoncés de Schneider en choisissant, dans le théorème A.1.1,

$$d = 2 \;,\; f_1(z) = z, \text{et} \quad z_n = \frac{1}{n} .$$

Une généralisation aux suites convergentes de points (avec une traduction en p-adique) fut effectuée par Içen en 1955. Tous ces résultats devaient être approfondis par Hilliker, qui étudiait les valeurs de fonctions $f_1, \ldots, f_d$, analytiques au voisinage de 0 et algébriquement indépendantes, en une suite de points convergeant vers 0 [Hilliker, 1966]. Les théorèmes des paragraphes A.1, A.2 et A.3 sont extraits de [Waldschmidt, 1972 a, §8].

Les problèmes de transcendance de nombres p-adiques furent abordés pour la première fois par Mahler, en 1932, avec la traduction du théorème de Hermite Lindemann, puis en 1934, avec celle du théorème de Gel'fond Schneider (par la méthode de Gel'fond ; celle de Schneider fut traduite en 1940, par Veldkamp). Un critère général de dépendance algébrique de fonctions analytiques p-adiques (analogue au critère complexe de [Schneider, 1948], et précédant celui de Içen) fut démontré par Günther en 1952, ce qui lui permit de retrouver comme corollaires la transcendance de $\exp \alpha$ (par la méthode de Gel'fond) et celle de α^β (par la méthode de Schneider) [Günther, 1952]. Dans sa thèse, en 1964, Adams démontra l'analogue p-adique du théorème A.2.1, ainsi que de nombreux autres résultats : un critère de transcendance (que l'on peut raffiner par la méthode exposée au chapitre 5), un théorème sur l'indépendance algébrique de deux des nombres $\alpha^{\beta},\ldots,\alpha^{\beta^{r-1}}$ (avec les notations de A.4.4) et une mesure de transcendance de α^{β} (qui peut aussi être améliorée par la méthode de [Cijsouw, 1972]). L'essentiel de la méthode d'Adams [Adams, 1964] consistait à transposer les démonstrations complexes à l'aide de l'intégrale de Schnirelman; mais il est possible (et même plus facile) d'obtenir les mêmes résultats en utilisant les propriétés spécifiques de fonctions analytiques p-adiques ; ceci a été exposé par exemple par Serre pour le théorème A.4.1 [Serre, 1966] (voir aussi [Lang, T, appendice]), et par Brumer, en 1967, pour l'analogue p-adique du théorème de Baker. Enfin, en 1972, Shorey a donné une traduction du théorème 6.1.1 de Tijdeman, et l'a appliqué à l'étude de propriétés d'indépendance algébrique des valeurs de la fonction exponentielle p-adique [Shorey, 1972]. On trouvera d'autres résultats du même genre dans [Waldschmidt, 1972 a, §9].

Parmi les applications que pourrait avoir une étude plus poussée des propriétés arithmétiques locales de fonctions analytiques, mentionnons le deuxième problème de [Schneider, T] :

> démontrer le théorème sur la transcendance des valeurs de la fonction modulaire $j(\tau)$ par une étude directe de cette fonction, et non par l'étude des $\wp$-fonctions.

Il pourrait être utile de passer par l'intermédiaire des fonctions modulaires P , Q , R , qui sont analytiques (par rapport à la variable complexe q) dans le disque unité du plan complexe ; comme la dérivation $q\frac{d}{dq}$ opère sur le corps $\mathbb{Q}(P,Q,R)$, on constate facilement (cf. exercice 3.3.e) que la conclusion A.2.2 est vraie pour ces trois fonctions P , Q , R . Mais ce résultat semble encore insuffisant pour donner des énoncés intéressants de transcendance sur les fonctions modulaires.

EXERCICES

Exercice A.1.a. Soient $f_1,\dots,f_d$ des fonctions analytiques dans un disque ouvert

$$\Delta = \{z \in \mathbb{C} \ ; \ |z| < r\} ,$$

algébriquement indépendantes sur $\mathbb{Q}$. Soit $(z_n)_{n\geqslant 0}$ une suite de points de Δ deux à deux distincts, admettant au moins un point d'accumulation dans Δ , telle que

$$f_i(z_n) \in \overline{\mathbb{Q}} \quad \text{pour} \quad 1 \leqslant i \leqslant d \ , \ n \geqslant 0 \ .$$

Pour tout entier $n \geqslant 0$, on note

$$\delta_n = [\mathbb{Q}(f_1(z_n),\dots,f_d(z_n)) : \mathbb{Q}] \ .$$

1. Soient $R_1,\dots,R_d$ des applications de $\mathbb{N}$ dans $\mathbb{N}$ telles que, pour tout $n \geqslant 0$, on ait

$$\prod_{i=1}^{d} R_i(n) > \sum_{h=0}^{n} \delta_h \ ;$$

on note :

$$\mu_n = \frac{R_1(n)\dots R_d(n)}{\delta_0+\dots+\delta_n} \ , \ (n \geqslant 0) \ .$$

Pour tout entier $n \geqslant 0$, soit r_n un nombre réel vérifiant

$$\max_{0\leqslant h\leqslant n} |z_h| < r_n < r \ .$$

Montrer que, pour tout entier n suffisamment grand, il existe un entier $\nu > n$ tel que

$$\sum_{h=0}^{\nu-1} \operatorname{Log}\Big(\frac{r_\nu - \max_{0\leqslant m\leqslant \nu}|z_m|}{|z_\nu - z_h|}\Big) \leqslant \sum_{i=1}^{d} R_i(n) \ \Big(\operatorname{Log}(1+|f_i|_{r_\nu}) + \Big(2.\frac{\mu_n\delta_\nu}{\mu_n-1} - 1\Big)\Big(1 + \max_{0\leqslant m\leqslant \nu} s(f_i(z_m))\Big)\Big).$$

(Comparez avec l'exercice 2.2.f).

2. On suppose désormais

$$\limsup_{n \to +\infty} |z_n| < r \;;$$

soient r_1 et r_2 deux nombres réels vérifiant

$$\limsup_{n \to +\infty} |z_n| < r_1 < r_2 < r \;.$$

Soient $S_1,\ldots,S_d$ des applications de $\mathbb{N}$ dans $\mathbb{N}$, vérifiant

$$S_i(n) \geqslant \max_{0 \leqslant h \leqslant n} s(f_i(z_h)) \;,\; (1 \leqslant i \leqslant d \;,\; n \geqslant 0) \;.$$

Montrer (en utilisant la question précédente avec $\mu_n = d+1$ et

$$R_i(n) = [((d+1)(\delta_0+\ldots+\delta_n).S_1(n)\ldots S_d(n))^{\frac{1}{d}}.S_i(n)^{-1}])$$

que, pour tout entier n suffisamment grand, il existe un entier $\nu > n$ tel que

$$2.\frac{\delta_\nu}{d}.(d+1)^{1+\frac{1}{d}}.(\delta_0+\ldots+\delta_n)^{\frac{1}{d}}.(S_1(n)\ldots S_d(n))^{\frac{1}{d}}.\max_{1 \leqslant i \leqslant d} \frac{S_i(\nu)}{S_i(n)} + \nu \operatorname{Log}(r_2-r_1) \geqslant \sum_{h=0}^{\nu-1} \operatorname{Log}|z_\nu - z_h|$$

En déduire que, si les d applications

$$n \mapsto \frac{(\delta_0+\ldots+\delta_n).S_1(n)\ldots S_d(n)}{S_i(n)^d} \;,\; (1 \leqslant i \leqslant d) \;,$$

sont toutes croissantes (au sens large), alors

$$\limsup_{n \to +\infty} \frac{\delta_0+\ldots+\delta_n}{n^d}.\delta_n^d.\prod_{i=1}^{d} S_i(n) \geqslant \left(\frac{d}{2}\right)^d.(d+1)^{-(d+1)}.\left(\operatorname{Log}\frac{r_2-r_1}{2r_1}\right)^{-d} \;.$$

Utiliser enfin cette inégalité pour démontrer le théorème A.1.1.

3. On suppose $\delta_n \leqslant \delta$ pour tout $n \geqslant 0$, et

$$\limsup_{n \to +\infty} |z_n| < \frac{r}{3} \;.$$

Vérifier l'inégalité

$$\limsup_{n \to +\infty} n^{-1+\frac{1}{d}}.\max_{\substack{1 \leqslant i \leqslant d \\ 0 \leqslant h \leqslant n}} s(f_i(z_h)) > 0 \;.$$

Exercice A.1.b. Une fonction f , analytique dans un ouvert V de $\mathbb{C}$, est dite algébrique au sens arithmétique si les deux fonctions z , $f(z)$ sont algébriquement dépendantes sur $\mathbb{Q}$ (ou sur $\overline{\mathbb{Q}}$, cela revient au même), c'est-à-dire s'il existe un polynôme non nul $P \in \mathbb{Z}[X,Y]$ tel que

$$P(z\,,f(z)) = 0 \quad \text{pour tout} \quad z \in V\,.$$

Soit f une fonction analytique au voisinage de 0, telle que les nombres

$$f(\tfrac{1}{n})\,,$$

pour n entier suffisamment grand, soient algébriques de degré $\leqslant \delta$. On suppose

$$\limsup_{n\to+\infty} \frac{s(f(\frac{1}{n}))}{n \operatorname{Log} n} \leqslant \frac{1}{108.\delta^3}\,.$$

Montrer que f est algébrique au sens arithmétique (utiliser l'exercice A.1.a). Etudier la réciproque, et comparer avec [Hilliker, 1966].

Exercice A.2.a. Démontrer le théorème A.2.1.

(Indications : les inégalités (A.2.2) et (A.2.3) sont démontrées, dans le cas p-adique, dans [Adams, 1964, théorème 1]).

Démontrer (en utilisant l'exercice 3.3.f) que l'inégalité (A.2.3) peut être remplacée par l'inégalité plus forte

(A.2.4) $$\limsup_{n\to+\infty} \frac{1}{n} \operatorname{Log} \max_{\substack{1\leqslant i\leqslant h \\ n_0\leqslant m\leqslant n}} s(f_i(z_m)) > 0 .$$

Donner ensuite des minorations effectives de (A.2.2) et (A.2.4), analogues à celles des exercices A.1.a et A.1.b. (On constatera ainsi qu'on peut remplacer le corps de nombres K , dans les hypothèses du théorème A.2.1, par l'ensemble des nombres algébriques de degré inférieur ou égal à δ , $\delta > 0$ donné ; cf. exercice 3.3.c).

Exercice A.3.a. Soit Δ un disque ouvert de $\mathbb{C}$, de centre 0 et de rayon $r > 0$; soit $(z_n)_{n\geq 0}$ une suite de points de Δ , deux à deux distincts, tels que

$$\limsup_{n \to +\infty} |z_n| < \frac{1}{3} r .$$

Soit K un sous-corps de $\mathbb{C}$, de type fini sur $\mathbb{Q}$ et de type de transcendance inférieur ou égal à τ $(\tau \geq 1)$. Soient $f_{i,j}$, $(1 \leq i \leq d , 1 \leq j \leq \nu_i)$ des fonctions analytiques dans Δ , possédant les trois propriétés suivantes

1. Les fonctions $f_{1,1},\ldots,f_{d,1}$ sont algébriquement indépendantes sur K .

2. Pour tout $n \geq 0$, $j = 1,\ldots,\nu_i$ et $i = 1,\ldots,d$, on a $f_{i,j}(z_n) \in K$, avec

$$t(f_{i,j}(z_n)) \ll n^{\rho_i} \quad \text{pour } n \to +\infty .$$

3. La dérivation $\frac{d}{dz}$ opère sur l'anneau $K[f_{i,1},\ldots,f_{i,\nu_i}]$ pour tout $i = 1,\ldots,d$.

Pour $1 \leq i \leq d$, on définit ε_i par :

$\varepsilon_i = 0$ si la dérivation $\frac{d}{dz}$ opère sur le K-espace vectoriel $K + Kf_{i,1}+\ldots+Kf_{i,\nu_i}$, c'est-à-dire si les ν_i polynômes exprimant les relations

$$\frac{d}{dz} f_{i,j} \in K[f_{i,1},\ldots,f_{i,\nu_i}] , \ (1 \leq j \leq \nu_i)$$

sont tous de degré total 1 ;

$\varepsilon_i = 1$ sinon.

Enfin on note

$$\rho_* = \max_{\varepsilon_i=1} \rho_i$$

(avec $\rho_* = 0$ si $\varepsilon_i = 0$ pour $1 \leq i \leq d$).

Montrer que l'on a

$$(d-\tau)(1-\rho_*) \leq (\tau-1)(\rho_1+\ldots+\rho_d) .$$

En déduire le théorème A.3.2 (dans le cas où les fonctions $f_1,\dots,f_h$ sont analytiques dans Δ).

Exercice A.4.a. Soient $f_1,\dots,f_d$ des fonctions p-adiques, analytiques dans un disque non circonférencié

$$\Delta = \{z \in \mathbb{C}_p \ ; \ |z| < r\} ,$$

et algébriquement indépendantes sur $\mathbb{Q}$. Soit $(z_n)_{n\geqslant 0}$ une suite de points deux à deux distincts de Δ, admettant au moins un point d'accumulation dans Δ, telle que les nombres

$$f_i(z_n) \quad , \quad (1 \leqslant i \leqslant d \ , \ n \geqslant 0) ,$$

soient tous algébriques sur $\mathbb{Q}$. On note

$$\delta_n = [\mathbb{Q}(f_1(z_n),\dots,f_d(z_n)) : \mathbb{Q}] \quad \text{pour} \quad n \geqslant 0 .$$

Soient $R_1,\dots,R_d$ des applications de $\mathbb{N}$ dans $\mathbb{N}$ telles que, pour tout $n \geqslant 0$, on ait

$$\prod_{i=1}^{d} R_i(n) \geqslant 2 \sum_{h=0}^{n} \delta_h .$$

Pour tout entier $n \geqslant 0$, soient r_n et s_n deux nombres réels vérifiant

$$\max_{0\leqslant h\leqslant n} |z_h| \leqslant r_n < s_n < r .$$

Montrer que, pour tout entier n suffisamment grand, il existe un entier $\nu > n$ tel que

$$\nu \operatorname{Log} \frac{s_\nu}{r_\nu} \leqslant \sum_{i=1}^{d} R_i(n)[\operatorname{Log}(1+|f_i|_{s_\nu}) + 4\,\delta_\nu\{1 + \max_{0\leqslant m\leqslant \nu} s(f_i(z_m))\}] .$$

Exercice A.4.b. Soient $q \geqslant 0$ un nombre entier, et $\tau \geqslant 1$ un nombre réel ; soient $\alpha_1,\ldots,\alpha_q$ des éléments de $\mathbb{C}_p$, algébriquement indépendants sur $\mathbb{Q}$, tels que le corps $K = \mathbb{Q}(\alpha_1,\ldots,\alpha_q)$ ait un type de transcendance inférieur ou égal à τ sur $\mathbb{Q}$. (Le type de transcendance d'un sous-corps de $\mathbb{C}_p$ de type fini sur $\mathbb{Q}$ se définit comme dans le cas complexe — chapitre 4 —, mais en utilisant la valeur absolue p-adique ; cf. [Waldschmidt, 1972 a, §4]).

Soient $(\delta_n)_{n\geqslant 0}$ et $(\sigma_n)_{n\geqslant 0}$ deux suites monotones croissantes de nombres positifs, telles que $\sigma_n\delta_n$ tende vers $+\infty$ avec n ; soient $c > 1$ et $d > 1$ deux nombres réels tels que

$$\sigma_{n+1} \leqslant c\,\sigma_n \quad \text{et} \quad \delta_{n+1} \leqslant d\,\delta_n ,$$

pour tout entier $n \geqslant 0$.

Montrer qu'il existe une constante $C = C(\tau,c,d,\alpha_1,\ldots,\alpha_q) > 0$, telle que la propriété suivante soit vérifiée.

Soit $\alpha \in \mathbb{C}_p$. On suppose qu'il existe une suite $(P_n)_{n\geqslant 0}$ de polynômes non nuls de $\mathbb{Z}[X_0,\ldots,X_q]$, de degré total $\leqslant d_n$ et de taille $\leqslant \sigma_n$, telle que

$$\operatorname{Log}|P_n(\alpha,\alpha_1,\ldots,\alpha_q)| \leqslant -C.(\delta_n\sigma_n)^{\tau} ;$$

alors α est algébrique sur K, et

$$P_n(\alpha,\alpha_1,\ldots,\alpha_q) = 0 \quad \text{pour tout} \quad n \geqslant 0 .$$

Calculer ensuite la constante C (en fonction de c et d) dans le cas particulier $K = \mathbb{Q}$, $q = 0$, $\tau = 1$.

(Indication. Reprendre la méthode du chapitre 5 — comparer avec l'exercice 5.4.c — et consulter [Adams, 1964, lemme 10]).

Exercice A.4.c. Soit $\varepsilon > 0$ un nombre réel ; soient $w_1,\dots,w_\ell$ des éléments deux à deux distincts de $\mathbb{C}_p$; soient $P_1,\dots,P_\ell$ des polynômes non nuls de $\mathbb{C}_p[X]$, de degré $p_1-1,\dots,p_\ell-1$ respectivement. On note

$$n = p_1+\dots+p_\ell \,, \quad \text{et} \quad \Omega = \max_{1\leqslant i\leqslant \ell} |w_i| \,.$$

La fonction

$$F(z) = \sum_{k=1}^{\ell} P_k(z)\exp(w_k z)$$

est holomorphe dans le disque

$$|z| < \frac{1}{\Omega}\cdot p^{-\frac{1}{p-1}}$$

de $\mathbb{C}_p$.

Majorer, pour $0 \leqslant r < \frac{1}{\Omega}\, p^{-\frac{1}{p-1}}$, le nombre de zéros de F dans le disque $|z| \leqslant r$ de $\mathbb{C}_p$, en fonction de n, Ω et r. (On pourra utiliser, au choix, l'intégrale de Schnirelman et la méthode de [Shorey, 1972, appendice], ou bien la méthode suggérée dans [Waldschmidt, 1972 a, §9]).

Exercice A.4.d. Montrer que la fonction sinus p-adique, définie par

$$\sin z = \sum_{n=0}^{\infty} (-1)^n \cdot \frac{z^{2n+1}}{(2n+1)!} ,$$

est analytique dans le disque $|z| < p^{-\frac{1}{p-1}}$ de $\mathbb{C}_p$. Montrer que, si α est un élément de $\mathbb{C}_p$ algébrique sur $\mathbb{Q}$, tel que

$$0 < |\alpha| < p^{-\frac{1}{p-1}} ,$$

alors le nombre $\sin \alpha$ est transcendant sur $\mathbb{Q}$.

(Indication : introduire la fonction cosinus p-adique par la relation

$$\cos z = \frac{d}{dz} \sin z ,$$

et vérifier que, si i est une racine de X^2+1 dans le corps $\mathbb{C}_p$ - qui est algébriquement clos - , on a

$$\exp(iz) = \cos z + i \sin z \quad).$$

[Günther, 1952].

Exercice A.4.e. Soient $\tau \geqslant \frac{1}{2}$ un nombre réel, Ω un sous-corps algébriquement clos de $\mathbb{C}_p$, $M \in M_n(\mathbb{C}_p)$ une matrice carrée $n \times n$ à coefficients dans $\mathbb{C}_p$, et $t_1,\dots,t_m$ des nombres complexes $\mathbb{Q}$-linéairement indépendants, tels que les matrices

$$\exp(Mt_j) \quad , \quad (1 \leqslant j \leqslant m) ,$$

soient définies et appartiennent toutes à $GL_n(\Omega)$. Soit d la dimension du sous-$\mathbb{Q}$-espace vectoriel de $\mathbb{C}_p$ engendré par les valeurs propres de M . On suppose que le corps Ω vérifie au moins une des deux propriétés suivantes

(i) Ω est une extension de $\mathbb{Q}$ de type de transcendance inférieur ou égal à 2τ .

(ii) Il existe un sous-corps L de Ω , de type de transcendance $\leqslant \tau$ sur $\mathbb{Q}$ (avec $\tau \geqslant 1$), tel que $\dim_L \Omega \leqslant 1$.

1) Montrer que l'on a $\quad md \leqslant 2\tau(m+d)$.

2) On suppose que les points $t_1,\dots,t_m$ appartiennent à Ω . Montrer que

$$md \leqslant 2\tau(m+d-1) .$$

3) On suppose que $M \in M_n(\Omega)$. Montrer que $\quad md \leqslant 2\tau m + (2\tau-1)d$.

4) On suppose que les points $t_1,\dots,t_m$ appartiennent à Ω , et que $M \in M_n(\Omega)$.

Montrer que $\quad md \leqslant 2\tau m + (2\tau-1)(d-1)$.

Exercice A.4.f. Soient $a_1,\dots,a_m$ des unités de $\mathbb{C}_p$, algébriques sur $\mathbb{Q}$, dont les logarithmes p-adiques $\operatorname{Log} a_1,\dots,\operatorname{Log} a_m$ sont $\mathbb{Q}$-linéairement indépendants. Montrer que les nombres

$$1 , \operatorname{Log} a_1,\dots,\operatorname{Log} a_m$$

sont linéairement indépendants sur la clôture algébrique de $\mathbb{Q}$ dans $\mathbb{C}_p$.

[Waldschmidt, 1972 b].

BIBLIOGRAPHIE

(Cette liste ne comporte que des articles cités dans le cours. L'année indiquée correspond le plus souvent à la date de réception du manuscrit).

ADAMS, William W.-1964. Transcendental numbers in the p-adic domain ; Amer. J. Math., 88 (1966), 279-308.

BALKEMA, A.A., and TIJDEMAN, R.-1970. Some estimates in the theory of exponential sums ; Acta Math. Acad. Sci. Hungar., 24 (1973), 115-133.

BAKER, Alan-1966. Linear forms in the logarithms of algebraic numbers, I ; Mathematika, 13 (1966), 204-216.

BAKER, Alan-1967. Linear forms in the logarithms of algebraic numbers, II, III ; Mathematika, 14 (1967), 102-107 et 220-228.

BAKER, Alan-1969. Effective methods in diophantine problems ; Proc. Symposia Pure Maths (American Math. Soc.), 20 (1971), 195-205, et 24 (1973) 1-7.

BOMBIERI, Enrico-1970. Algebraic values of meromorphic maps ; Invent. Math., 10 (1970), 267-287.

BROWNAWELL, Dale-1971a. Some transcendence results for the exponential function ; K. Norske Vidensk. Selsk. Skr., 11 (1972), 1-2.

BROWNAWELL, Dale-1971b. The algebraic independence of certain values of the exponential function ; K. Norske Vidensk. Selsk. Skr., 23 (1972), 5 pp.

BROWNAWELL, Dale-1971c. Sequences of diophantine approximations ; J. Number theory 6 (1974), 11-21.

BROWNAWELL, Dale-1971d. The algebraic independence of certain numbers related to the exponential function ; J. Number theory 6 (1974), 22-31.

CIJSOUW, Pieter L.-1972. Transcendence measures ; Akademisch Proefschrift, Amsterdam (1972), 107 pp.

DIEUDONNE, Jean. Algèbre linéaire et géométrie élémentaire ; Hermann, Enseign. des Sciences, Paris, 1964.

FEL'DMAN, N.I.-1951. Approximation of certain transcendental numbers, I : the approximation of logarithms of algebraic numbers ; Izv. Akad. Nauk. SSSR, Ser. Mat., 15 (1951), 53-74 [Trad. angl. : Amer. Math. Soc. Transl., (2) 59 (1966), 224-245].

FEL'DMAN, N.I.-1959. On the measure of transcendence of π ; Izv. Akad. Nauk SSSR, Ser. Mat., 24 (1960), 357-368 [Trad. Angl. : Amer. Math. Soc. Transl., (2) 58 (1966), 110-124].

FEL'DMAN, N.I.-1960. Approximation of the logarithms of algebraic numbers by algebraic numbers ; Izv. Akad. Nauk SSSR, Ser. Mat., 24 (1960), 475-492 [Trad. angl. : Amer. Math. Soc. Transl., (2) 58 (1966), 125-142].

FEL'DMAN, N.I.-1964. Arithmetic properties of the solutions of a transcendental equation ; Vestnik Moskov. Univ. Ser. I, Mat. Meh., 1 (1964), 13-20 [Trad. angl. : Amer. Math. Soc. Transl., (2) 66 (1968), 145-153].

FEL'DMAN, N.I.-1968a. Estimate for a linear form of logarithms of algebraic numbers ; Mat. Sbornik, 76 (118), (1968), 304-319 [Trad. angl. : Math. USSR Sbornik, 5 (1968), 291-307].

FEL'DMAN, N.I.-1968b. Improved estimate for a linear form of the logarithms of algebraic numbers ; Mat. Sbornik, 77 (119), (1968), 423-436 [Trad. angl. : Math. USSR Sbornik, 6 (1968), 393-406].

FEL'DMAN, N.I., and SHIDLOVSKII, A.B.-1966. The development and present state of the theory of transcendental numbers ; Uspekhi Mat. Nauk, 22 (1967), 3-82 [Trad. angl. : Russian Math. Surveys, 22 (1967), 1-79].

GEL'FOND, A.O.-1934. Sur le septième problème de D. Hilbert ; Dokl. Akad. Nauk SSSR 2 (1934), 1-3 (en russe), et 4-6 (en français).

GEL'FOND, A.O.,T. Transcendental and algebraic numbers ; GITTL, Moscou, (1952) [Trad. angl., Dover, New-York, 1960].

GEL'FOND, A.O., et LINNIK, Yu.V. Méthodes élémentaires dans la théorie analytique des nombres ; Fizmatgiz, Moscou, 1962 [Trad. Franç. : Gauthier Villars, Paris, 1965 ; trad. angl. : M.I.T. Press, Mass., 1966].

GÜNTHER, Alfred-1952. Über transzendente p-adische Zahlen, I ; J. reine angew. Math., 192 (1953), 155-166.

GÜTING, K. Rainer-1960. Approximation of algebraic numbers by algebraic numbers ; Michigan Math. J., 8 (1961), 149-159.

HAMMING, R.W.-1970. An elementary discussion of the transcendental nature of the elementary transcendental functions ; Amer. Math. Monthly, 77 (1970), 294-297.

HILLE, Einar-1942. Gel'fond's solution of Hilbert's seventh problem ; Amer. Math. Monthly, 49 (1942), 654-661.

HILLIKER, D.L.-1966. On analytic functions which have algebraic values at a convergent sequence of points ; Trans. Amer. Math. Soc., 126 (1967), 534-550.

LANG, Serge-1965. Report on diophantine approximations ; Bull. Soc. Math. France, 93 (1965), 177-192.

LANG, Serge,A. Algebra ; Addison Wesley, Reading, 1965.

LANG, Serge,T. Introduction to transcendental numbers ; Addison Wesley, 1966.

LANG, Serge-1971. Transcendental numbers and diophantine approximations ; Bull. Amer. Math. Soc., 77 (1971), 635-677.

LIPMAN, Joseph. Transcendental numbers ; Queen's papers n° 7, Kingston, 1966.

MAHLER, Kurt-1931. Zur approximation der Exponentialfunktion und des Logarithmus. J. reine angew. Math., 166 (1932), 118-150.

MAHLER, Kurt-1960. An application of Jensen's formula to polynomials ; Mathematika, 7 (1960), 98-100.

MAHLER, Kurt-1961. On some inequalities for polynomials in several variables ; J. London Math. Soc., 37 (1962), 341-344.

MAHLER, Kurt-1969. Lectures on transcendental numbers ; Proc. Symposia Pure Maths (American Math. Soc.), 20 (1971), 248-274.

MAHLER, Kurt-1971. An arithmetic remark on entire periodic functions ; Bull. Austral. Math. Soc., 5 (1971), 191-195.

MIGNOTTE, Maurice-1973. An inequality about factors of polynomials ; Math. of Computation

NARASIMHAN, Raghavan-1971. Un analogue holomorphe du théorème de Lindemann ; Ann. Inst. Fourier, Grenoble, 21 (1971), 271-278.

POORTEN, A.J. van der-1969. A generalisation of Turán's main theorems to binomials and logarithms ; Bull. Austral. Math. Soc., 2 (1970), 183-195.

POORTEN, A.J. van der-1970. On the arithmetic nature of definite integrals of rational functions ; Proc. Amer. Math. Soc., 29 (1971), 451-456.

RAMACHANDRA, K.-1967. Contributions to the theory of transcendental numbers ; Acta Arith., 14 (1968), 65-88.

RAMACHANDRA, K.-1968. Lectures on transcendental numbers ; the Ramanujan Institute lectures notes, Madras, 1969 ; 73pp.

RUDIN, Walter. Real and complex analysis ; Mc Graw-Hill series in higher Mathematics, 1965.

SCHMIDT, Wolfgang M.-1971. Approximation to algebraic numbers ; l'Enseignement Mathématique, 17 (1971), 188-253.

SCHNEIDER, Theodor-1934. Transzendenzuntersuchungen periodischer Funktionen ; J. reine angew. Math., 172 (1934), 65-69.

SCHNEIDER, Theodor-1948. Ein Satz über ganzwertige Funktionen als Prinzip für Transzendenzbeweise ; Math. Ann., 121 (1949), 131-140.

SCHNEIDER, Theodor,T. Einführung in die transzendenten Zahlen ; Springer, Berlin, 1957 [Trad. franç., Gauthier-Villars, Paris, 1959].

SERRE, Jean-Pierre-1966. Dépendance d'exponentielles p-adiques ; Sem. Delange Pisot Poitou, 1965/66, n° 15, 14pp.

SERRE, Jean-Pierre-1969. Travaux de Baker ; Sem. Bourbaki, 1969/70, n° 368, 14pp. (= Lectures notes in Math., 180 (1971), 73-86).

SHOREY, T.N.-1972. Algebraic independence of certain numbers in p-adic domain ; Nederl. Akad. Wet. Proc. ; ser. A, 75 (1972), 423-442 (= Indag. Math., 34, 1972).

SIEGEL, Carl Ludwig-1931. Über die Perioden elliptischer Funktionen ; J. reine angew. Math., 167 (1932), 62-69.

SIEGEL, Carl Ludwig,T. Transcendental numbers ; Ann. of Math. Studies, Princeton, n° 16 (1949), 102pp.

SMELEV, A.A.-1968. A.O. Gel'fond's method in the theory of transcendental numbers ; Mat. Zametki, 10 (1971), 415-426 [Trad. angl., Math. Notes, 10 (1972), 672-678].

SMELEV, A.A.-1971. On the question of algebraic independence of algebraic powers of algebraic numbers ; Mat. Zametki, 11 (1972), 635-644 [Trad. angl., Math. Notes, 11 (1972), 387-392].

STOLARSKY, Kenneth B.-1972. Extrapolation techniques related to transcendence proofs; (preliminary report : Notices Amer. Math. Soc., 19 (1972), A-386 ; 693-A26).

STRAUS, E.G.-1949. On entire functions with algebraic derivatives at certain algebraic points ; Ann. of Math., 52 (1950), 188-198.

TIJDEMAN, Robert-1969. On the distribution of the values of certain functions ; Academisch Proefschrift, Amsterdam, 1969.

TIJDEMAN, Robert-1970a. On the number of zeros of general exponential polynomials ; Proc. Nederl. Akad. Wetensch., Ser. A, 74 (1971), 1-7 (= Indag. Math., 33, 1971).

TIJDEMAN, Robert-1970b. On the algebraic independence of certain numbers ; Proc. Nederl. Akad. Wetensch., Ser. A, 74 (1971), 146-162 (= Indag. Math., 33, 1971).

WALDSCHMIDT, Michel-1971a. Indépendance algébrique des valeurs de la fonction exponentielle ; Bull. Soc. Math. France, 99 (1971), 285-304.

WALDSCHMIDT, Michel-1971b. Solution du huitième problème de Schneider ; J. Number theory, 5 (1973), 191-202.

WALDSCHMIDT, Michel-1972a. Propriétés arithmétiques des valeurs de fonctions méromorphes algébriquement indépendantes ; Acta Arith., 23 (1973), 19-88.

WALDSCHMIDT, Michel-1972b. Utilisation de la méthode de Baker dans des problèmes d'indépendance algébrique ; C. R. Acad. Sci. Paris, Ser. A, 275 (1972), 1215-1217.

WALDSCHMIDT, Michel-1973a. Transcendance dans les variétés de groupes ; Sem. Delange Pisot Poitou, 1972/73, n° 23, 16 pp.

WALDSCHMIDT, Michel-1973b. Initiation aux nombres transcendants ; Publ. Math. Bordeaux, 1 (1973), 1-39 (à paraître en 1974 dans l'Enseignement Math.).

INDEX

Vol. 247: Lectures on Operator Algebras. Tulane University Ring and Operator Theory Year, 1970–1971. Volume II. XI, 786 pages. 1972. DM 40,–

Vol. 248: Lectures on the Applications of Sheaves to Ring Theory. Tulane University Ring and Operator Theory Year, 1970–1971. Volume III. VIII, 315 pages. 1971. DM 26,–

Vol. 249: Symposium on Algebraic Topology. Edited by P. J. Hilton. VII, 111 pages. 1971. DM 16,–

Vol. 250: B. Jónsson, Topics in Universal Algebra. VI, 220 pages. 1972. DM 20,–

Vol. 251: The Theory of Arithmetic Functions. Edited by A. A. Gioia and D. L. Goldsmith VI, 287 pages. 1972. DM 24,–

Vol. 252: D. A. Stone, Stratified Polyhedra. IX, 193 pages. 1972. DM 18,–

Vol. 253: V. Komkov, Optimal Control Theory for the Damping of Vibrations of Simple Elastic Systems. V, 240 pages. 1972. DM 20,–

Vol. 254: C. U. Jensen, Les Foncteurs Dérivés de $\varprojlim$ et leurs Applications en Théorie des Modules. V, 103 pages. 1972. DM 16,–

Vol. 255: Conference in Mathematical Logic – London '70. Edited by W. Hodges. VIII, 351 pages. 1972. DM 26,–

Vol. 256: C. A. Berenstein and M. A. Dostal, Analytically Uniform Spaces and their Applications to Convolution Equations. VII, 130 pages. 1972. DM 16,–

Vol. 257: R. B. Holmes, A Course on Optimization and Best Approximation. VIII, 233 pages. 1972. DM 20,–

Vol. 258: Séminaire de Probabilités VI. Edited by P. A. Meyer. VI, 253 pages. 1972. DM 22,–

Vol. 259: N. Moulis, Structures de Fredholm sur les Variétés Hilbertiennes. V, 123 pages. 1972. DM 16,–

Vol. 260: R. Godement and H. Jacquet, Zeta Functions of Simple Algebras. IX, 188 pages. 1972. DM 18,–

Vol. 261: A. Guichardet, Symmetric Hilbert Spaces and Related Topics. V, 197 pages. 1972. DM 18,–

Vol. 262: H. G. Zimmer, Computational Problems, Methods, and Results in Algebraic Number Theory. V, 103 pages. 1972. DM 16,–

Vol. 263: T. Parthasarathy, Selection Theorems and their Applications. VII, 101 pages. 1972. DM 16,–

Vol. 264: W. Messing, The Crystals Associated to Barsotti-Tate Groups: With Applications to Abelian Schemes. III, 190 pages. 1972. DM 18,–

Vol. 265: N. Saavedra Rivano, Catégories Tannakiennes. II, 418 pages. 1972. DM 26,–

Vol. 266: Conference on Harmonic Analysis. Edited by D. Gulick and R. L. Lipsman. VI, 323 pages. 1972. DM 24,–

Vol. 267: Numerische Lösung nichtlinearer partieller Differential- und Integro-Differentialgleichungen. Herausgegeben von R. Ansorge und W. Törnig. VI, 339 Seiten. 1972. DM 26,–

Vol. 268: C. G. Simader, On Dirichlet's Boundary Value Problem. IV, 238 pages. 1972. DM 20,–

Vol. 269: Théorie des Topos et Cohomologie Etale des Schémas. (SGA 4). Dirigé par M. Artin, A. Grothendieck et J. L. Verdier. XIX, 525 pages. 1972. DM 50,–

Vol. 270: Théorie des Topos et Cohomologie Etale des Schémas. Tome 2. (SGA 4). Dirigé par M. Artin, A. Grothendieck et J. L. Verdier. V, 418 pages. 1972. DM 50,–

Vol. 271: J. P. May, The Geometry of Iterated Loop Spaces. IX, 175 pages. 1972. DM 18,–

Vol. 272: K. R. Parthasarathy and K. Schmidt, Positive Definite Kernels, Continuous Tensor Products, and Central Limit Theorems of Probability Theory. VI, 107 pages. 1972. DM 16,–

Vol. 273: U. Seip, Kompakt erzeugte Vektorräume und Analysis. IX, 119 Seiten. 1972. DM 16,–

Vol. 274: Toposes, Algebraic Geometry and Logic. Edited by. F. W. Lawvere. VI, 189 pages. 1972. DM 18,–

Vol. 275: Séminaire Pierre Lelong (Analyse) Année 1970–1971. VI, 181 pages. 1972. DM 18,–

Vol. 276: A. Borel, Représentations de Groupes Localement Compacts. V, 98 pages. 1972. DM 16,–

Vol. 277: Séminaire Banach. Edité par C. Houzel. VII, 229 pages. 1972. DM 20,–

Vol. 278: H. Jacquet, Automorphic Forms on GL(2). Part II. XIII, 142 pages. 1972. DM 16,–

Vol. 279: R. Bott, S. Gitler and I. M. James, Lectures on Algebraic and Differential Topology. V, 174 pages. 1972. DM 18,–

Vol. 280: Conference on the Theory of Ordinary and Partial Differential Equations. Edited by W. N. Everitt and B. D. Sleeman. XV, 367 pages. 1972. DM 26,–

Vol. 281: Coherence in Categories. Edited by S. Mac Lane. VII, 235 pages. 1972. DM 20,–

Vol. 282: W. Klingenberg und P. Flaschel, Riemannsche Hilbertmannigfaltigkeiten. Periodische Geodätische. VII, 211 Seiten. 1972. DM 20,–

Vol. 283: L. Illusie, Complexe Cotangent et Déformations II. VII, 304 pages. 1972. DM 24,–

Vol. 284: P. A. Meyer, Martingales and Stochastic Integrals I. VI, 89 pages. 1972. DM 16,–

Vol. 285: P. de la Harpe, Classical Banach-Lie Algebras and Banach-Lie Groups of Operators in Hilbert Space. III, 160 pages. 1972. DM 16,–

Vol. 286: S. Murakami, On Automorphisms of Siegel Domains. V, 95 pages. 1972. DM 16,–

Vol. 287: Hyperfunctions and Pseudo-Differential Equations. Edited by H. Komatsu. VII, 529 pages. 1973. DM 36,–

Vol. 288: Groupes de Monodromie en Géométrie Algébrique. (SGA 7 I). Dirigé par A. Grothendieck. IX, 523 pages. 1972. DM 50,–

Vol. 289: B. Fuglede, Finely Harmonic Functions. III, 188. 1972. DM 18,–

Vol. 290: D. B. Zagier, Equivariant Pontrjagin Classes and Applications to Orbit Spaces. IX, 130 pages. 1972. DM 16,–

Vol. 291: P. Orlik, Seifert Manifolds. VIII, 155 pages. 1972. DM 16,–

Vol. 292: W. D. Wallis, A. P. Street and J. S. Wallis, Combinatorics: Room Squares, Sum-Free Sets, Hadamard Matrices. V, 508 pages. 1972. DM 50,–

Vol. 293: R. A. DeVore, The Approximation of Continuous Functions by Positive Linear Operators. VIII, 289 pages. 1972. DM 24,–

Vol. 294: Stability of Stochastic Dynamical Systems. Edited by R. F. Curtain. IX, 332 pages. 1972. DM 26,–

Vol. 295: C. Dellacherie, Ensembles Analytiques, Capacités, Mesures de Hausdorff. XII, 123 pages. 1972. DM 16,–

Vol. 296: Probability and Information Theory II. Edited by M. Behara, K. Krickeberg and J. Wolfowitz. V, 223 pages. 1973. DM 20,–

Vol. 297: J. Garnett, Analytic Capacity and Measure. IV, 138 pages. 1972. DM 16,–

Vol. 298: Proceedings of the Second Conference on Compact Transformation Groups. Part 1. XIII, 453 pages. 1972. DM 32,–

Vol. 299: Proceedings of the Second Conference on Compact Transformation Groups. Part 2. XIV, 327 pages. 1972. DM 26,–

Vol. 300: P. Eymard, Moyennes Invariantes et Représentations Unitaires. II, 113 pages. 1972. DM 16,–

Vol. 301: F. Pittnauer, Vorlesungen über asymptotische Reihen. VI, 186 Seiten. 1972. DM 18,–

Vol. 302: M. Demazure, Lectures on p-Divisible Groups. V, 98 pages. 1972. DM 16,–

Vol. 303: Graph Theory and Applications. Edited by Y. Alavi, D. R. Lick and A. T. White. IX, 329 pages. 1972. DM 26,–

Vol. 304: A. K. Bousfield and D. M. Kan, Homotopy Limits, Completions and Localizations. V, 348 pages. 1972. DM 26,–

Vol. 305: Théorie des Topos et Cohomologie Etale des Schémas. Tome 3. (SGA 4). Dirigé par M. Artin, A. Grothendieck et J. L. Verdier. VI, 640 pages. 1973. DM 50,–

Vol. 306: H. Luckhardt, Extensional Gödel Functional Interpretation. VI, 161 pages. 1973. DM 18,–

Vol. 307: J. L. Bretagnolle, S. D. Chatterji et P.-A. Meyer, Ecole d'été de Probabilités: Processus Stochastiques. VI, 198 pages. 1973. DM 20,–

Vol. 308: D. Knutson, λ-Rings and the Representation Theory of the Symmetric Group. IV, 203 pages. 1973. DM 20,–

Vol. 309: D. H. Sattinger, Topics in Stability and Bifurcation Theory. VI, 190 pages. 1973. DM 18,–